Henning Beck
Hirnrissig

Henning Beck

Hirnrissig

Die 20,5 größten Neuromythen –
und wie unser Gehirn wirklich tickt

HANSER

MIX
Papier aus verantwor-
tungsvollen Quellen
FSC® C014889

Bibliografische Information der Deutschen Nationalbibliothek
Die Deutsche Nationalbibliothek verzeichnet diese Publikation in der
Deutschen Nationalbibliografie; detaillierte bibliografische Daten
sind im Internet über http://dnb.d-nb.de abrufbar.

Dieses Werk ist urheberrechtlich geschützt.
Alle Rechte, auch die der Übersetzung, des Nachdruckes und der Vervielfältigung des Buches oder von Teilen daraus, vorbehalten. Kein Teil des Werkes darf ohne schriftliche Genehmigung des Verlages in irgendeiner Form (Fotokopie, Mikrofilm oder ein anderes Verfahren), auch nicht für Zwecke der Unterrichtsgestaltung – mit Ausnahme der in den §§ 53, 54 URG genannten Sonderfälle –, reproduziert oder unter Verwendung elektronischer Systeme verarbeitet, vervielfältigt oder verbreitet werden.

1 2 3 4 5   18 17 16 15 14

© 2014 Carl Hanser Verlag München
Internet: http://www.hanser-literaturverlage.de
Herstellung: Thomas Gerhardy
Umschlaggestaltung: Hauptmann & Kompanie Werbeagentur, Zürich
unter Verwendung einer Fotografie von © Sabine Lohmüller
Illustrationen: © Angela Kirschbaum
Satz: Kösel Media GmbH, Krugzell
Druck und Bindung: Friedrich Pustet, Regensburg
Printed in Germany
ISBN 978-3-446-44038-8
E-Book-ISBN 978-3-446-44066-1

Inhalt

Einleitung: Ein Grußwort ans Gehirn 9

Mythos n° 1
Hirnforscher können Gedanken lesen 14

Mythos n° 2
Wird es primitiv, denken wir mit dem
Reptiliengehirn 26

Mythos n° 3
Das Gehirn besteht aus Modulen 38

Mythos n° 4
Links die Logik, rechts die Kunst:
Unsere Gehirnhälften denken unterschiedlich.. 50

Mythos n° 5
Je größer ein Gehirn, desto besser 60

Mythos n° 6
Hirnzellen gehen durch Vollrausch und
Kopfbälle unwiederbringlich verloren 72

Mythos n° 7
Weibliche und männliche Gehirne denken
verschieden 82

Inhalt

Mythos n° 8
Wir nutzen nur 10 Prozent unseres Gehirns ... 94

Mythos n° 9
Hirnjogging macht schlau 106

Mythos n° 10
Wir lernen in Lerntypen 118

Mythos n° 11
Die kleinen grauen Zellen machen
die ganze Arbeit 128

Mythos n° 12
Endorphine machen high 140

Mythos n° 13
Im Schlaf macht das Gehirn mal Pause 152

Mythos n° 14
Mit Brainfood essen wir uns schlau 164

Mythos n° 15
Das Gehirn rechnet wie ein perfekter
Computer 176

Mythos n° 15,5
Der Speicherplatz im Hirn ist praktisch
unbegrenzt 188

Mythos n° 16
Wir können Multitasking 198

Mythos n° 17
Spiegelneuronen erklären unser
Sozialverhalten 208

Inhalt

Mythos n° 18
Intelligenz ist angeboren 218

Mythos n° 19
Was Hänschen nicht lernt, lernt Hans
nimmermehr 230

Mythos n° 20
Die Hirnforschung wird den menschlichen
Geist erklären 242

Ein Selbstverteidigungskurs gegen
Neuromythen 253

Quellenverzeichnis 261

Einleitung:
Ein Grußwort ans Gehirn

Liebes Gehirn,
dieses Buch ist für dich. Denn du tust mir leid.

Was bist du doch für ein wundervolles Organ: Seltsam geformt und ein bisschen glitschig thronst du über den Dingen – und sagst unserem Körper, was zu tun ist. Seit wir denken können, kreisen unsere Gedanken um dich. Wir wissen, wie wichtig du für uns bist. Du erschaffst Ideengebäude, entwirfst die schönsten Bilder und Texte, komponierst und fantasierst.

Und dann das: Als wüssten wir es nicht besser, erzählen wir Unwahrheiten über dich, allerlei Märchen und Legenden. So kannst du mit Fug und Recht behaupten, das mit Abstand sagenumwobenste Organ von allen zu sein. Um keines ranken sich so viele Mythen und Gerüchte.

Du reizt uns einfach zum Spekulieren. Warum? Weil du über unser gesamtes Leben bestimmst: vom Heißhunger auf Vanillepudding bis zum Liebeskummer, vom Lesen der Sonntagszeitung bis zum Kick in der Achterbahn, für alles bist du verantwortlich. In dir wurzeln Empathie und die Fähigkeit zur Kooperation, du machst uns zu Kommunikationswundern, die gleichzeitig chatten, telefonieren und E-Mails schreiben – und zu kreativen Genies, die die dafür nötigen Smartphones erfinden. An dieser Stelle möchte ich daher einmal Danke sagen. Zu selten wird gewürdigt, was und wie du das alles für uns hinbekommst.

Einleitung: Ein Grußwort ans Gehirn

Doch gerade weil wir nicht so richtig verstehen, wie du funktionierst, erdreisten wir uns zu glauben, wir seien kurz davor, deine letzten Geheimnisse zu entschlüsseln – schließlich sind wir dir zuletzt mit diversen Apparaten auf den Leib gerückt und behaupten frech, dass wir dir beim Denken zuschauen und deine Gedanken lesen können. Und wir finden eingängige Vergleiche, mit denen wir deine Funktionsweise erklären. Denn was sollst du nicht alles sein!

Die perfekte Rechenmaschine, aufgebaut aus einem ganzen Arsenal an Modulen und Zentren. Geteilt in eine kreative rechte und eine logische linke Hirnhälfte. Bestehend aus Milliarden von kleinen grauen Zellen, die die ganze Arbeit machen. Praktisch unbegrenzt in deiner Speicherkapazität (dabei arbeitest du, angeblich, gerade mal mit 10 Prozent deiner Maximalleistung). Ein Muskel, den wir mit gesunder Ernährung und Hirnjogging leistungsfähiger machen können.

Du weißt es am besten, was von diesen Gerüchten stimmt: das Wenigste.

Wir erzählen Sachen über dich, die nicht der Wahrheit entsprechen. Und das fällt uns noch nicht mal schwer, denn je weniger wir über dich wissen, desto leichter können wir etwas ungestraft behaupten. Soll doch erst mal jemand beweisen, dass du mehr als 10 Prozent deiner Leistungsfähigkeit ausnutzt, oder dass nicht nur die rechte, sondern auch die linke Hirnhälfte kreativ ist, das geht gar nicht so leicht.

Das ist alles sehr schade, denn du bist deutlich spannender und interessanter als jede Legende über dich. Du hast diese ganzen Halbwahrheiten und Gerüchte nicht verdient, denn erstens gebietet es schon der Respekt vor dir, dich nicht mit allerlei Neuromythen zu überschütten. Und zweitens haben wir auch schon eine ganze Menge gesichertes Wissen über dich. Genug eigentlich, um es nicht nötig zu haben, irgendeinen Quatsch zu erzählen. Von wegen Brainfood, Multitasking und Glückshormone – euch geht's gleich an den Kragen!

Einleitung: Ein Grußwort ans Gehirn

Alles muss heute „Neuro" sein (sogar mein Buchtitel). Und es genügt uns nicht, zu erklären, wie du mit ein paar Hirnzellen ein kleines Netzwerk aufbaust oder wie du deine Impulse hin und her schickst (was wirklich faszinierend ist), denn wir wollen ans Eingemachte: deine Gedanken lesen, alle Krankheiten heilen, den „neuronalen Code" knacken, wissen, wie aus Nervenimpulsen Bewusstsein entsteht und wie wir es verändern können.

Deswegen bauen wir superteure Maschinen, die dir „beim Denken zuschauen" sollen. Und weil wir so stolz sind auf die Erkenntnisse der modernen und coolen Hirnforschung, schießen wir gleich mal deutlich über das Ziel hinaus, erklären alles, wirklich alles, mit ihrer Hilfe und nennen es dann Neuroethik, Neurokommunikation, Neuroökonomie oder sonstwie. Da geraten harte Fakten und populäre Übertreibung gerne durcheinander. Wir sind einfach so beeindruckt von unseren kleinen Fortschritten, dass wir die reißerischsten Schlagzeilen verwenden, um auch banale Forschungsergebnisse als „Durchbruch zum Verständnis unseres Bewusstseins" zu feiern. Die verkaufen sich ja auch viel besser.

Ich gestehe: Auch ich bin Hirnforscher geworden, weil ich dich so wahnsinnig spannend finde. Auch ich dachte mir, dass du die Antwort auf die elementaren Fragen der Menschheit bereithältst. Wenn man herausfindet, wie du funktionierst, sollte man bitteschön auch irgendwann verstehen können, wie die Menschen generell denken und warum sie das tun. Glücklicherweise habe ich bald erkannt, dass es nicht ganz so einfach ist – und dass du zwar komplexer, aber auch noch viel faszinierender bist als alle Gerüchte über dich.

Hirnforschung ist nämlich ein mühsames Geschäft. Neue Erkenntnisse muss man sich oft langwierig erarbeiten, und Erklärungsmodelle für dein Tun sind manchmal ziemlich kompliziert. Genau hier beginnt das Problem, denn heute muss alles schnell und einfach gehen. Aus einem deiner vielen Nervenzell-Netzwerke, das an der Verarbeitung von positiven Emotionen

Einleitung: Ein Grußwort ans Gehirn

beteiligt ist, machen wir kurzerhand ein „Glückszentrum". Und weil wir nicht so genau wissen, was alles passieren muss, damit du einen Gedanken entwickelst, behaupten wir rasch, dass du funktionierst wie ein Computer mit Festplatte, Arbeitsspeicher und Prozessor – weil wir so was aus unserer eigenen Welt kennen.

Nun habe ich dich, liebes Gehirn, durchaus studiert, untersucht und erforscht, weil ich dich besonders mag. Ich fühle mit dir, wenn man Un- oder Halbwahrheiten über dich verbreitet. Damit soll nun Schluss sein. Ich will an dieser Stelle also zwar ebenfalls auf den „Neurozug" aufspringen – aber nicht, um mithilfe der Hirnforschung neue Legenden zu verkünden. Können andere gerne machen. Ich finde vielmehr, dass erst mal aufgeräumt werden muss, und sage den populärsten Gerüchten und Mythen über dich den Kampf an. Natürlich mithilfe der Neurowissenschaften, denn an vielen Stellen liefert sie doch ganz hilfreiche Erkenntnisse.

Um dir einen Gefallen zu tun, fange ich im Kleinen an: Ich knüpfe mir eine Hirnlegende nach der anderen vor und zeige, was davon stimmt und was nicht. Manche Gerüchte sind einfach nur grottenfalsch und dreist gelogen, andere bewegen sich mit viel gutem Willen sogar schon ein Stück in Richtung Wahrheit. Denn oftmals steckt in einem Märchen ja ein wahrer Kern, der dann allerdings übertrieben ausgeschmückt wird (das kennst du ja selbst: Wie oft hast du dir schon einen Riesenspaß daraus gemacht, unsere Erinnerungen aufzuhübschen, zu verfremden und sie besser zu machen, als es tatsächlich gewesen ist?).

Das Tolle ist: Man muss nicht selbst kompliziert und unverständlich werden, wenn man erklären will, wie komplex du bist. Klar, Hirnforschung ist nichts für Anfänger. Trotzdem hilft es, wenn man komplizierte Vorgänge so erklärt, dass sie jeder versteht. Bringt ja nichts, wenn ich hier wissenschaftliche Abhandlungen aneinanderreihe. Denn ich möchte die Mythen über dich mit ihren eigenen Waffen schlagen: plakativ, provokant, eingängig – aber wissenschaftlich korrekt. Das, liebes Gehirn, bin ich dir einfach schuldig.

Und jetzt schnallt euch an, ihr Neuromythen, die Hirnforschung schlägt zurück.

Mythos n° 1

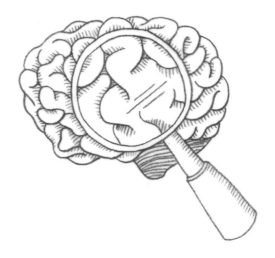

Hirnforscher können
Gedanken lesen

Aufgepasst, verehrte Leserin, lieber Leser! Mein Name ist Henning Beck und ich kann Ihre Gedanken lesen! Schließlich bin ich Hirnforscher. Und die verfügen bekanntermaßen über ultramoderne technische Verfahren, die Ihr Gehirn beobachten, während es gerade denkt: Wir schieben Menschen einfach in einen „Hirnscanner" (z. B. eine Kernspin-Röhre), und schon können wir auslesen, was im Gehirn so los ist.

Wenn ich mich auf diese unbescheidene Weise vorstelle, ist mir Ihre Aufmerksamkeit gewiss. Doch allzu überrascht werden Sie wohl auch nicht sein. Schließlich prangt die Aussage, die Wissenschaft könne Gedanken lesen, regelmäßig auf Zeitschriftencovern. Das PM-Magazin titelte etwa Anfang 2013:[1] „Ich weiß was du denkst – Die Kunst des Gedankenlesens hat sich vom Zirkusspektakel zum Topthema der Hirnforschung entwickelt". Das Handelsblatt bediente schon 2011 Zukunftsvisionen: „Gehirnscan – Fortschritte beim Gedankenlesen".[2]

Die Faszination, unsere Gedanken lesen zu können, ist riesig, einer der ältesten Menschheitsträume. Wer würde nicht gerne wissen, was sein Gegenüber beim Frühstücken denkt, wenn es sich sein Brötchen mit Marmelade bestreicht?

Damit man Gedanken lesen kann, braucht man zwei Dinge: ein Gehirn, das denkt, und etwas, das seine Gedanken „liest". Zumindest an denkenden Gehirnen herrscht schon mal kein Mangel. Denn (das wird vielleicht manchen überraschen): Gehirne denken immer. Ohne Pause. So wirr uns zum Beispiel Boris Beckers Tweets manchmal erscheinen, auch sein Gehirn ist immer aktiv. Vielleicht nicht immer im sinnstiftendsten Sinn.

Aber Nervenzellen sind ständig bei der Arbeit, sie tauschen permanent Impulse untereinander aus. Tatsächlich ist Denken, also die Aktivität des Gehirns, notwendige Bedingung für unser Leben. Wir haben die Wahl: denken – oder hirntot sein.

Die Vermessung der Gedanken

Außer einem denkenden Gehirn braucht man dann noch Messverfahren. Diese sind meist recht kompliziert und teuer. Damit ihre Komplexität auch jedem bewusst wird, hat man ihnen schwer auszusprechende Namen wie „funktionelle Magnetresonanztomographie" oder „Elektroenzephalographie" gegeben. Klingt wichtig. Und dann sehen die dafür verwendeten Geräte auch noch futuristisch aus. So verschafft sich die Hirnforschung eine coole Aura.

Die Frage aller Fragen lautet nun: Können wir Helden der neuzeitlichen Wissenschaft, wir Hirnforscher, mit diesem beeindruckenden High-Tech-Equipment tatsächlich „messen", was das Gehirn gerade denkt?

Die Antwort lautet ------. Gemach, lassen Sie mich bitte etwas ausholen: Wenn man Gedanken lesen will, hat man nämlich ein Problem: Sie gehen schnell vorbei. Denn Gedanken sind letztendlich elektrische Impulse, die zwischen den Nervenzellen ausgetauscht werden. Für sich genommen sind sie sehr schwach. Eine einzelne Nervenzelle ist nun mal sehr filigran. Und die elektrischen Felder, die sie erzeugt und an ihren Nervenfasern entlangschickt, sind schwer zu messen. Die direkteste Möglichkeit besteht darin, Elektroden unmittelbar an der Zellwand der Nervenzelle zu platzieren und die Nervenimpulse auf diese Weise abzuleiten. Das ist prima, denn so ist man quasi online, in Echtzeit, bei allem dabei, was eine Nervenzelle so mitzuteilen hat. Als hätte man sich in ein fremdes Telefongespräch eingeklinkt (und wie wir heute wissen, ist das gar nicht so schwer). Bei einigen wenigen Nervenzellen mag das noch gehen, doch wie allgemein bekannt, gibt es im Gehirn eine stattliche Anzahl, nämlich etwa 80 Milliarden. Das macht diese Methode unübersichtlich. Natürlich könnte man sich auf einige wenige Zellen (oder Zellgruppen) konzentrieren, aber auch dann müsste man den Schädel und das Gehirn aufschneiden, um seine Messelektroden zu platzieren. Es hat sich herausgestellt, dass sich nur wenige Freiwillige für eine solche Untersuchung finden lassen (allerdings sei angemerkt, dass dieses Verfahren tatsächlich bei Hirnoperationen angewendet werden kann).

Den Fangesängen des Gehirns lauschen

Etwas cleverer und weniger umständlich ist es, ganze Nervenzellverbünde gleichzeitig zu belauschen. Das Verfahren dazu nennt sich „Elektroenzephalographie" (EEG) und bedeutet so viel wie elektrisches (elektro) Gehirn- (enzephalo) Aufschreiben (graphie). Der Trick ist folgender: Wenn Nervenzellen einen Impuls erzeugen, entsteht dabei ein schwaches elektrisches Feld. Liegen viele Tausend oder Millionen Nervenzellen dicht nebeneinander, so kann dieses Feld so stark werden, dass man es von außen durch die Schädeldecke hindurch messen kann. Das geht sogar recht gut. Man platziert dafür eine Vielzahl von kleinen Elektroden auf dem Kopf. Vorteil: Der Forscher ist immer noch live dabei, wenn die Zellen ihre Impulse aussenden. Problem: Er weiß nicht so genau, wo das Ganze stattfindet. Das ist vergleichbar mit der Situation in einem Fußballstadion. Man hört die verschiedenen Fangesänge, kann vielleicht auch grob sagen, aus welcher Richtung sie kommen. Aber wer wo genau welchen Schlachtengesang anstimmt, ist unklar (und auch der Informationsgehalt der Gesänge ist üblicherweise recht begrenzt). Zum Gedankenlesen muss man also nicht nur wissen, was, sondern auch wo gerade gedacht wird! Erst wenn der Ort der elektrischen Impulse identifiziert ist, können verschiedene Gedankenmuster voneinander abgegrenzt werden.

Mythos n° 1

Bunte Bilder von dir

Das populärste Verfahren dafür ist sicherlich die funktionelle Magnetresonanztomographie (fMRT). Man stellt sich das gerne so vor, dass man dabei in eine „Kernspinröhre" geschoben wird und das Gerät die Hirnaktivität einfach abliest. Heißt ja schließlich „Hirnscanner". Tatsächlich, wie könnte es anders sein, ist die fMRT etwas komplizierter – obwohl ein solches Gerät im Kern nur aus zwei einfachen Komponenten besteht: einem Radio und einem Magneten. Legen Sie Ihre Rolex also unbedingt ab, sobald Sie sich einem Kernspintomographen nähern. Die verwendeten Magnete sind so stark – mehr als 100 000 Mal stärker als das Erdmagnetfeld –, dass sich Ihre Armbanduhr in ein kostspieliges Projektil verwandeln und unachtsame Laborassistenten erschlagen würde. Ein so gewaltiges Magnetfeld ist nötig, um den Aufnahmen die entsprechende Qualität zu verleihen. Es ist übrigens auch der Grund, weshalb dieses Gerät solchen Krach macht. Wie erzeugt der Tomograph aber nun die schönen bunten Bilder, die Sie aus der Tagespresse kennen?

Mithilfe der fMRT untersucht man das, was in unserem Gehirn am häufigsten vorkommt: Nein, keine Gedanken, ich muss Sie enttäuschen, sondern Wasser. Genauer gesagt, die Atome in den Wassermolekülen. Die haben nämlich selbst magnetische Eigenschaften, man könnte sagen, sie verhalten sich wie kleine Magnete. Wenn man nun ein sehr starkes Magnetfeld anlegt, so richten sich die Wasserstoffatome nach diesem aus. Dazu muss man wissen: Wasserstoffatome sind ziemlich faule Gesellen. Nur eines von 1 Million Atomen macht bei diesem Ausrichten überhaupt mit. Da sich aber schon in einem würfelgroßen Stück Hirngewebe etwa 40 Trilliarden Wasserstoffatome in Wassermolekülen befinden, reicht das allemal.

Der Witz ist nun: Je nachdem, wo sich die Wasserstoffatome befinden, wechselwirken sie auf verschiedene Weise mit Radiowellen, die man auf sie richtet. Dieser Radioimpuls ist sehr kurz, man kriegt ihn gar nicht mit, aber die Wasserstoffatome reagieren im Magnetfeld darauf, sie geraten in Resonanz, daher der Name der Messmethode. In diesem Resonanzzustand bleiben die Atome aber nicht lange. Sie richten sich schnell wieder nach dem Magnetfeld aus. Dabei entsenden sie selbst ein elektrisches Signal, und genau dieses Signal sieht anders aus, je nachdem, ob die Wasserstoffatome in weichem, fettreichem oder zähem Gewebe sitzen. Diese Unterschiede kann man verwenden, um Hirnstrukturen sichtbar zu machen. Man misst dabei das Gehirn schichtweise durch und setzt die Einzelbilder anschließend zu einem Gesamtbild zusammen. Deswegen nennt man das Gerät auch Tomograph, also „Scheibchen-Schreiber".

Das ist alles schön und gut, sagt aber noch nichts darüber aus, *wo* das Gehirn gerade aktiv ist. Dazu bedient man sich eines weiteren Tricks: Je nachdem, wie gut eine Hirnregion durchblutet wird, ändert sich auch das Signal, das man aufzeichnet. Wenn man nun mehrere Aufnahmen hintereinander macht, kann man erkennen, welche Hirnregionen besser (oder schlechter) durchblutet werden und somit aktiver (oder inaktiver) sind. Man erhält ein indirektes Aktivitätsmuster des Gehirns und kann bestimmen, wo gerade besonders viel los ist: wo also gedacht wird.

Hierfür wird gerne der Begriff „bildgebendes Verfahren" verwendet – er passt auch sehr gut, erklärt er doch schön, was tatsächlich passiert: Es wird ein künstliches Bild hergestellt. Das ist anders als beispielsweise bei einer Röntgenaufnahme. Die bildet ab, was sich wo befindet (also wo ein Knochen im Weichteilgewebe wirklich sitzt). Im Falle der bildgebenden Verfahren ist das anders. Hier wird erst mal ganz viel gemessen. Die Messdaten werden anschließend aufbereitet, gefiltert und sortiert – bis man irgendwann ein fertiges Bild von der aktuellen Durchblutung des Gehirns am Computer künstlich erzeugt hat.

Mythos n° 1

Der Gehirnlügendetektor

Die fMRT ist also sehr aufwendig, ihre Erfolge sind dafür aber wirklich verblüffend. Es ist auf diese Weise möglich, mit 80-prozentiger Genauigkeit zu ermitteln, an welchen von zwei Gedanken ein Proband gerade denkt – sofern er dabei brav im Tomographen liegt. Indem man das Analyseverfahren der fMRT noch weiter aufmotzt, kann man sogar bestimmen, welches von 1000 verschiedenen Bildern ein Proband gerade betrachtet.[3] Auch als noch unausgereiften Lügendetektor kann man die Methode verwenden.[4] Dazu misst man die Hirnaktivität (genauer: die „Durchblutungsaktivität") von Probanden, die einmal die Wahrheit sagen und einmal offensichtlich lügen. Aus dem Unterschied dieser beiden Messungen erkennt man, welche zusätzliche Hirnaktivität für eine Lüge nötig ist (im Augenblick geht die Wissenschaft davon aus, dass es einen zusätzlichen Gedankenaufwand erfordert, um die Wahrheit zu unterdrücken). Indem man diese zusätzliche Hirnaktivität beobachtet, kann mit fast 100-prozentiger Sicherheit gesagt werden, ob die Teilnehmer anschließend bei einer beliebigen Aussage bei der Wahrheit bleiben oder schwindeln. Um jedoch um sich greifender Panik bei notorischen Flunkerern vorzugreifen: Das geht nur, wenn die Teilnehmer auch bei der Kalibrierung der Messung mitmachen. Außerdem ist die gesamte Messung so aufwendig, dass schon kleinste Störungen genügen, um sämtliche „Hirnscans" unbrauchbar zu machen, ein Fingerschnippen des Probanden im Tomographen reicht dafür aus.

Die Gedanken sind frei

„Hurra", mag man da rufen, „nur noch ein kurzer Weg, bis wir Träume, Erinnerungen, ganze Gedankengänge auslesen können!" Doch davon sind wir leider (oder zum Glück) noch weit entfernt. Denn selbst die ausgefeiltesten Hirnscans können nicht die wahren Vorgänge im Gehirn aufzeichnen. Das wird schon dadurch klar, dass man eigentlich gar keine Gedanken direkt misst. Tatsächlich sind Gedanken nämlich die Art und Weise, wie ein Netzwerk aus Nervenzellen aktiviert wird. Ein Gedanke ist sozusagen das Gesamtkunstwerk aller Kommunikationen, das Aktivitätsmuster von vielen Millionen Nervenzellen. Dieses Muster ändert sich sehr schnell, denn Nervenzellen können 500 Mal pro Sekunde ein neues Signal erzeugen. Da kommt die fMRT nicht mit, denn mit ihr misst man lediglich das „Durchblutungsmuster", also welche Hirnareale besser oder schlechter mit Blut versorgt werden. Die zugrunde liegende Annahme ist zwar logisch: Wo viel nachgedacht wird, wird auch viel Energie umgesetzt, also steigt dort der Blutfluss an. Doch dieses Verfahren hat zwei gewaltige Nachteile.

Erstens: Es ist indirekt. In unserem Fußballstadion-Vergleich ist das in etwa so, als würde man anhand des Getränke- und Bratwurstverkaufs in den Fanblöcken ablesen wollen, wo die Stimmung auf den Rängen am grandiosesten war. Wo zum Schluss am meisten Müll rumliegt, ging's wahrscheinlich auch hoch her. Das mag im Einzelfall sogar stimmen, doch welcher Fußballfan wie genau zur lautstarken Unterstützung seines Teams beigetragen hat, ist immer noch nicht klar. Lediglich der Ort des Geschehens lässt sich eingrenzen.

Zweitens ist dieses Messverfahren langsam. Viel zu langsam für die rasend schnellen Nervenimpulse. Denn im Gehirn hat ein gewöhnlicher Impuls gut und gerne eine Geschwindigkeit von knapp 400 km/h. Um eine fMRT-Aufnahme zu machen, braucht man aber knapp zwei Sekunden. Und in denen kann eine ganze Menge passieren. Gesichter und Bilder erkennt ein Gehirn z.B. schon nach wenigen Tausendstel Sekunden. Gedanken mit einer derart lahmen Methode auszulesen, ist daher, vorsichtig ausgedrückt: ambitioniert. Genauso gut könnte man sich an eine Formel-1-Strecke stellen und alle zwei Sekunden ein Foto machen. So knipst man vielleicht kunstvoll verschwommene Bilder, viel von den Rennwagen sieht man auf ihnen allerdings nicht.

Denken Sie an Florian Silbereisen!

Ein weiteres prinzipielles Problem der fMRT: Man kann zwar ziemlich gut bestimmen, welche Gebiete im Gehirn bei bestimmten Gedankenvorgängen besonders viel Energie umsetzen. Aber der Gedankeninhalt bleibt weitgehend verborgen. Um trotzdem in etwa abschätzen zu können, woran ein Proband im Tomographen gerade denkt, muss man das Gerät kalibrieren. Und dafür nutzt man einen Trick: Man misst gar nicht, was jemand denkt, sondern nur die Unterschiede zu einem anderen Gedanken. Klingt kompliziert, macht die Messung aber einfacher. Stellen Sie sich vor, Sie möchten wissen, ob jemand gerade an Florian Silbereisen denkt. Warum Sie das tun sollten? Eine berechtigte Frage, aber wir stellen es uns nun einfach mal vor. Sie schieben also Ihren Probanden in den Tomographen, zeigen ihm zunächst ein Kontrollbild (ohne sinnhaften Inhalt, z. B. eine weiße Fläche) und messen die „Aktivität", also das Blutfluss-Muster im Gehirn. Jetzt zeigen Sie Ihrem Probanden ein Bild des beliebten Jodelgipfel-Moderators. Während sich der Proband von dem Schock erholt, messen Sie wiederum den Blutfluss. Der *Unterschied* zwischen diesen zwei Messungen, den definieren Sie nun als die spezifische „Florian-Silbereisen-Aktivität" im Gehirn der Versuchsperson. An diesem Beispiel sieht man aber schon: Richtiges Gedankenlesen ist das nicht. Ob der Proband im Tomographen wirklich an Florian Silbereisen gedacht hat (und ihm nicht etwa irgendein fesches Volksmusiklied in den Kopf gekommen ist), können Sie nicht mit Sicherheit sagen.

Mit dieser Methode kann man zwar Gedanken im Gehirn voneinander abgrenzen, doch Obacht: Diese Unterschiede sind äußerst gering. Hier mal ein bisschen mehr Blut, dort ein bisschen weniger, das fällt kaum auf. Was macht man also, wenn man so kleine Unterschiede zeigen will, die man eigentlich kaum bemerkt? Man macht sie bunt, dann sieht man sie besser! Deswegen sehen „Hirnscans" in den Zeitungen auch so hübsch aus. Man könnte fast meinen, es handle sich um Schnappschüsse von einem grauen Gehirn bei der Arbeit, in dem es überall dort rot „aufleuchtet", wo es gerade aktiv ist. Doch: In Wirklichkeit leuchtet da gar nichts. Es ist eine künstliche Einfärbung der Messdaten, die den Eindruck erweckt, dass plötzlich eine bestimmte Hirnregion anspringt, während direkt daneben in Sachen Hirnaktivität nichts los ist. Das ist vollkommener Quatsch, denn tatsächlich arbeitet das Gehirn auch überall dort, wo es auf den Bildern grau erscheint. Doch wenn man keinen so krassen Kontrast ins Bild einfügte, würde man eben gar nichts sehen.

Das Durchschnittsgehirn

Erschwerend kommt hinzu: Auch menschliche Gehirne unterliegen den bei Naturprodukten üblichen biologischen Schwankungen. Tatsächlich arbeiten sie äußerst dynamisch. So sehr, dass man häufig dasselbe Gehirn mehrmals nacheinander vermessen muss, bis man das „Hintergrundrauschen" (die laufende Denkarbeit des Gehirns) rausfiltern kann. Damit nicht genug, manchmal kombinieren Neurowissenschaftler sogar Hirnscans von verschiedenen Gehirnen miteinander, damit man überhaupt ein vorzeigbares Messsignal erhält. Wenn Sie also das nächste Mal einen vielfarbigen „Hirnscan" sehen, machen Sie sich klar, was er in Wirklichkeit ist: ein am Computer künstlich erzeugtes Bild. Und nicht das Gehirn von irgendjemandem, sondern eine statistische Mittelung von vielen Gehirnen, mit hübschen Farben künstlich aufgepeppt, damit man überhaupt irgendwas erkennen kann.

Sie dürfen also ruhig skeptisch sein, wenn Ihnen die ARD in einem Wissensmagazin erzählt: „Neuromarketing: Der Blick ins Gehirn des Kunden".[5] Eine ganze Industrie baut sich gerade um dieses Gedankenlesen auf. Hollywoodfilme werden optimiert, indem man Probanden Testvideos vorspielt und per fMRT ihre Hirnaktivität untersucht (überraschenderweise stellt sich dabei heraus, dass 3D-Filme das Gehirn anders aktivieren als 2D-Filme, wer hätte das gedacht!?).[6] Per Hirnscans versucht man zu erklären, warum Coca-Cola besser ankommt als Pepsi, obwohl beide nahezu gleich schmecken,[7] oder warum Männer mehr auf Sportwagen als auf Kombis stehen.[8] Passen Sie jedoch auf, wenn Ihnen Experten erzählen, was alles in Ihrem Kopf passiert, wenn Sie gerade durch einen Laden schlendern und bestimmte Markenlogos betrachten. Denn die Untersuchungen der Gehirne, die für solche gewagten Aussagen durchgeführt wurden, fanden in einer ziemlich künstlichen Umgebung statt: Die Probanden lagen in einem Millionen Euro teuren Gerät, den Kopf in einer Spule fixiert, mit Gehörschutz auf und der Anweisung, sich nicht zu bewegen. Ich weiß nicht, wie es bei Ihnen ist, aber mein alltägliches Einkaufserlebnis sieht anders aus.

Voxel populi

Auch noch aus einem anderen Grund kann dieses Verfahren keine Gedanken auslesen: Es ist zu grob. Bei einer fMRT-Messung fallen ungeheure Datenmengen an, die sich gar nicht alle auf die Schnelle in einem Bild darstellen lassen. Deswegen muss man eine Entscheidung treffen, wie groß die Gebiete sind, die man untersuchen möchte. In der Regel beobachtet man nämlich den Blutfluss in kleinen Volumeneinheiten, den sogenannten Voxeln (eine lustige Kombination aus „Volumen" und „Pixel"). Ein solches Voxel hat vielleicht die Größe eines Stecknadelkopfes. Man misst die Veränderung des Blutflusses in einigen Tausend dieser Voxel und konstruiert daraus das „Aktivitätsbild" des Gehirns. Nun ist Hirngewebe recht dicht besetzt mit Nervenzellen, und in einem solchen Voxel können gerne mal 500 000 Nervenzellen sitzen, die 5 Milliarden Kontakte ausbilden. Wenn 1000 Voxel für die Bilderzeugung kombiniert werden, befinden sich darin somit 5 Billionen Verknüpfungen, die alle unterschiedlich stark oder schwach sind, 5 Billionen Verknüpfungen, die mit Botenstoffen moduliert und verändert werden können.

Und jetzt misst man alle zwei Sekunden noch nicht mal direkt die elektrischen Impulse der Nervenzellen untereinander, sondern lediglich, wo das Blut gerade langfließt! Die zig Billionen unterschiedlichen Möglichkeiten, wie die Nervenzellen im untersuchten Gebiet miteinander wechselwirken, werden überhaupt nicht berücksichtigt. Ich wünsche viel Spaß dabei, mit diesen Messungen Gedanken zu lesen.

Was wir Hirnforscher wirklich tun

Und damit wären wir auch beim Fazit. Nein, wir Hirnforscher können keine Gedanken lesen. Was wir wirklich machen, wenn wir „dem Gehirn beim Denken zuschauen", ist aber auch schon eine tolle Sache: Wir messen, wo sich der Blutfluss und damit der Energieumsatz im Gehirn ändert. Tatsächlich kann man so erkennen, wo das Gehirn gerade besonders intensiv denkt, und dadurch erfahren, wie sich das Gehirn die Gedankenarbeit aufteilt. Das hilft uns schon enorm weiter beim Verstehen dessen, wie das Gehirn funktioniert, wie wir in den nächsten Kapiteln noch sehen werden. Der Gedanken*inhalt* bleibt jedoch verborgen. Womöglich für immer.

Mythos n° 2

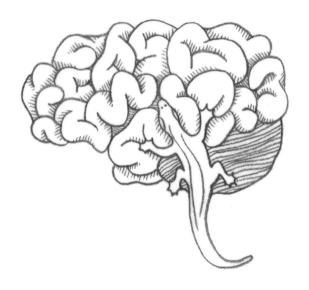

Wird es primitiv, denken wir
mit dem Reptiliengehirn

Wofür brauchen wir überhaupt ein Gehirn? Die Frage klingt banal, doch zumindest die Populärwissenschaft hat ein paar ziemlich eingängige Antworten darauf: Wenn unser Handeln ganz besonders „primitiv" wird, soll unser Stammhirn anspringen: Niedere Triebe, dumpfes Vor-sich-hin-Vegetieren, RTL2-Schauen, das seien seine Kernkompetenzen. Der neurobiologische Sitz unserer steinzeitmäßigen Verhaltensmuster, die sich im Wettstreit mit unserer Vernunft befänden.

Um es noch eingängiger zu machen, nennt man das Stammhirn auch gerne „Reptiliengehirn" – ein Überbleibsel der Evolution, unverändert seit Millionen von Jahren mit der einzigen Aufgabe, unser Großhirn dabei zu stören, wenn mal was Sinnvolles gedacht werden soll: Männer beim Fußballschauen, Frauen beim Schuhekaufen (Vorsicht, Klischees! Denen widme ich in Kürze ein eigenes Kapitel.) – da hat ein vernünftiges Großhirn keine Chance, das Reptiliengehirn übernimmt das Sagen. Genauso wie bei Instinktreaktionen (Flucht oder Kampf), Macho-Gehabe oder Zickereien: Großhirn aus, Reptiliengehirn an – und schon handeln wir genauso wie unsere Vorfahren aus der Steinzeit.

Nicht alles an unserem Gehirn hat also einen guten Ruf. Das trifft auch auf das Kleinhirn zu. Wie das auch schon klingt: ein „kleines Gehirn", das Arme. Was soll man damit schon groß anstellen können? Sein großer Bruder, das tolle Großhirn, hat hingegen den Laden im Griff und sorgt für unsere geistigen Höhenflüge. Darüber hinaus soll es noch zwei weitere „Gehirne" geben, ein Mittelhirn und ein Zwischenhirn, die (der Name sagt es schon) irgendwo dazwischen liegen sollen.

Wenn ich richtig gezählt habe, müssten im ausgebildeten Schädel also mindestens fünf verschiedene Gehirne Platz finden. Was für ein heilloses Durcheinander! Das bietet natürlich wieder guten Nährboden für Mythen und Missverständnisse. Und da sich die nächsten Kapitel auf das Gehirn als solches beziehen, halte ich es für didaktisch geboten, eine anatomische Klärung vorauszuschicken, um in diesem Dickicht von Gehirnen den Überblick zu behalten.

Das Krokodil in unserem Kopf

Das Missverständnis fängt schon mit dem Begriff „primitiv" an. Der hat nämlich nichts mit einem Rückfall in ein archaisches Urmenschentum zu tun, sondern ist in diesem Fall ein Begriff der Evolutionsbiologie. Primitiv bedeutet nicht „simpel" oder „zurückgeblieben", sondern einfach nur „zuerst da". Bezüglich der Dinge, die sich aus diesen Ur-Formen später entwickelt haben, spricht der Wissenschaftler etwas irreführend von „Höherentwicklung". Ein Beispiel: Das erste Handtuch zum Markieren seines Liegeplatzes am Swimmingpool ist primitiv (im Wortsinne), ein zweites Handtuch obendrauf wäre klassische Höherentwicklung (ebenfalls im Wortsinne).

Im Falle des Gehirns heißt „primitiv" also nicht „einfach gestrickt" oder „kümmerlich", sondern: Ähnliche Hirnstrukturen erwartet man auch schon bei evolutionär alten Vorstufen. Reptilien gab es zum Beispiel schon lange vor den Säugetieren, und sie haben ihr Leben ebenfalls mit Gehirnen organisiert. Denn Gehirne sind praktisch und ermöglichen schnelle Körperreaktionen: Bewegung, Orientierung, Steuerung von komplexen Organen wie Herz und Lunge. In Erinnerung an diesen evolutionär „alten" Teil in unserem Kopf, benennen halbwissende Möchtegern-Neurobiologen diesen

Bereich daher nach den Reptilien und vermitteln damit ein völlig falsches Bild.

Tatsächlich nutzt man den Begriff „Reptiliengehirn" in der seriösen Wissenschaft nämlich nur, um sich über Esoteriker und Mental-Trainer lustig zu machen. Ein anatomischer Begriff ist es nicht. Denn nein, natürlich denken wir nicht wie ein Krokodil, wenn unser „Reptiliengehirn" aktiv ist. Was als „Reptiliengehirn" bezeichnet wird, ist ein Sammelsurium aus verschiedenen Hirnbereichen, die nicht nur ziemlich kompliziert und unübersichtlich verschaltet sind (von wegen primitiv), sondern auch überlebenswichtige Körperfunktionen steuern. Vermeiden Sie daher auch besser den Begriff „Stammhirn" für diesen Hirnteil, anatomisch korrekt ist nämlich Hirnstamm. Das mag nach altkluger Wortklauberei eines besserwisserischen Buchautors klingen, aber nur so wird auch verständlich, was die wirkliche Funktion dieser Struktur ist.

Der Hirn-Hausmeister: der Hirnstamm

Wenn ich bei mir zu Hause in den Keller gehe, fallen mir zwei Dinge auf: Erstens, ich muss mal wieder aufräumen. Zweitens, alle wichtigen Versorgungsleitungen für das Haus liegen hier: Stromkabel, die nach draußen führen, Sicherungskästen, Wasserrohre – alles, was im Wohnbereich stören würde. Im Gehirn ist das ganz ähnlich, denn die wichtigen Verkabelungen mit der Außenwelt liegen im Hirnstamm. Leider geht es dort auf den ersten Blick genauso unübersichtlich zu wie in meinem Keller. Dort ist es zwar nicht unaufgeräumt, sondern hochgeordnet, aber um das zu erkennen, braucht man schon ein Anatomiestudium.

Die Funktion des Hirnstamms ist dafür umso klarer: Er koppelt das Rückenmark an das restliche Gehirn. Bevor Nervenfasern aus dem Körper nämlich die Ehre erhalten, das Großhirn betreten zu dürfen, müssen sie erst mal zusammengeführt und neu verschaltet werden. So ähnlich wie bei einem Sicherungskasten bei Ihnen zu Hause sind diese Verschaltungen für die elementaren Funktionen zuständig: Atem- und Schluckreflex werden hier genauso kontrolliert wie Augenbewegungen oder Gleichgewichtsempfindungen.

Ich will daher doch sehr hoffen, dass jeder (egal wie primitiv) auch wirklich ständig mit seinem Hirnstamm „denkt", schließlich werden einige der wichtigsten Körperfunktionen genau hier gesteuert. Sie können also gerne aus Gründen der Höherentwicklung und Kultivierung aufhören, diesen „primitiven" Hirnteil zu nutzen. Viel Spaß dabei, denn dann sind Sie unfähig, jegliche Muskeln zu steuern, gefangen in Ihrem eigenen Körper. Keine schöne Vorstellung.

Kurz gesagt: Alles, was das Gehirn von außen an Sinnesinformationen mitbekommt oder umgekehrt als Bewegungsimpulse in den Körper schickt, muss durch den Hirnstamm hindurch – oder wird dort als schnelle Reflexantwort gleich verarbeitet.

Damit nicht genug: Neben der Haupt-Verbindungsachse zu den wichtigsten Nervenbahnen ist der Hirnstamm zuständig für die Produktion des Hirnwassers. Unser gesamtes Gehirn ist nämlich von einer wässrigen Flüssigkeit umgeben, in der es schwimmt. So ist es gut gepolstert, wenn man mal sein Haupthaar schwingt, und so kratzt es auch nicht ständig an der Schädeldecke. Die Zellen, die dieses Hirnwasser produzieren, liegen am unteren Bereich des Hirnstamms, so ist dieser nicht nur der Elektriker, sondern auch der Klempner des Gehirns, ein richtiger Hausmeister sozusagen.

Der Hirn-Blumenkohl

Vor allem ist der Hirnstamm aber eines: ein Teil des kompletten Gehirns, kein gesonderter Bereich, kein Stiel, auf dem das losgelöste Gehirn sitzt, sondern integriert in das gesamte System. Genauso wie das Mittel-, Zwischen-, Klein- und Großhirn gehört der Hirnstamm zum großen Ganzen. Wenn Sie es blumig mögen, stellen Sie sich das Gehirn vor wie einen Blumenkohl, mit vielen kleinen Ausstülpungen, die aber immer gut vernetzt sind. Sie können die verschiedenen Hirnteile (die Blumenkohl-Röschen) separat betrachten, doch das bringt Sie nicht weiter, wenn Sie das Gehirn verstehen wollen. Denn wie wir noch sehen werden, funktioniert das Gehirn immer als gesamtes Netzwerk und nicht als lose Ansammlung von Hirnmodulen. Dass man den verschiedenen Ausstülpungen (in der Embryonalentwicklung spricht man tatsächlich von „Bläschen") unterschiedliche Namen gegeben hat und sie wie eigenständige Gehirne benennt, heißt eben nicht, dass sie auch eigenständig sind. Wir haben nur ein einziges Gehirn im Kopf – und das ist so unübersichtlich, dass man seine Anatomie leider auch sprachlich irreführend unterteilt.

Vergessen Sie also sofort das Gerede von den unterschiedlichen Gehirnen, die sich im „Wettstreit" befinden: vernünftige Großhirnrinde gegen triebgesteuertes Stammhirn – kompletter Quatsch. Denn das Gehirn hat vor allem eins im Sinn: das Überleben bestmöglich zu organisieren. Dafür arbeiten die Hirnbereiche *zusammen*, teilen sich die Aufgaben auf (das sehen wir im nächsten Kapitel) und vertragen sich prima. Wo findet man das heutzutage noch?

Überhaupt: Wenn Sie von Trieben und Instinkten sprechen, sollten Sie danach nicht im Hirnstamm suchen, sondern im Zwischen- und Großhirn. Denn tatsächlich kann man kaum trennen zwischen „Trieb-" und „Vernunftregionen", oftmals sind es dieselben Hirnbereiche, die sowohl bei rationalen Handlungen wie bei triebgesteuertem Verhalten aktiv sind.

Das zentrale Sekretariat: das Zwischenhirn

Während das Mittelhirn seinem Namen keine Ehre macht (es liegt als bloße Umschaltstelle im Hirnstamm), erfüllt das Zwischenhirn die Erwartungen: Es liegt zwischen den Großhirnhälften direkt oberhalb (kopfseitig) des Hirnstamms. Dort muss es auch sein, denn im Zwischenhirn werden alle Sinneseindrücke gefiltert und entschieden, was davon überhaupt ins Großhirn kommen darf. Wie in einem Sekretariat, das alle Anfragen erst mal sichtet und nur bei Bedarf ins Chef-Büro weiterleitet. Das ist auch der Grund, weshalb wir viele Sinnesinformationen gar nicht bewusst verarbeiten.

Ein Beispiel: Haben Sie gerade Schuhe an? Vermutlich haben Sie sich darüber bis eben keine Gedanken gemacht, weil das Zwischenhirn diese Information für zu unwichtig hielt, um sie ans Großhirn ins Bewusstsein zu leiten. Doch einmal danach gefragt, bekommt das Zwischenhirn vom Großhirn den Auftrag, die Tast- und Druckempfindungen Ihrer Füße „durchzulassen". Mit diesen Sinnesinformationen kann das Großhirn nun arbeiten, und es wird Ihnen bewusst, ob Sie diese Zeilen barfuß oder gut beschuht lesen. Diese Informationsfilterung funktioniert bei allen Sinnen – außer dem Geruchssinn, der geht ohne Umwege ins Großhirn. Ob Ihre Füße stinken oder nicht, wissen Sie also immer (sobald Sie sich die Schuhe ausgezogen haben).

Das Zwischenhirn ist aber mehr als ein Sekretär des Großhirns. Es kümmert sich auch um die Aufrechterhaltung der wichtigen biologischen Gleichgewichte im Körper: Körpertemperatur, Wasserhaushalt, Hunger und Sättigung, Freisetzung von Körpersäften und Hormonen, all das wird über das Zwischenhirn gesteuert. Dazu misst es permanent den körperlichen Zustand und greift wenn nötig ein. Steigt das Blutvolumen an, ist wohl viel Wasser im Blut: Zeit zum Pinkeln also. Sinkt der Blutzuckerspiegel, wird eine Motivation zur Nahrungssuche ausgelöst, wir kriegen Hunger. Hunger heißt dabei zweierlei: Zum einen wird das Großhirn aktiviert, sich auf die Suche nach Essbarem zu machen. Zum anderen aktiviert das Zwischenhirn auch schon gleich die Ausschüttung von Verdauungssäften und bringt den Magen in Schwung (er grummelt). Man sieht: Selbst die niederen körperlichen Triebe werden zentral gesteuert. Und zwar nicht separat von verschiedenen Gehirnen, sondern im Zusammenspiel von vielen Bereichen.

Groß und wichtig: das Großhirn

Um den Hirnstamm und das Zwischenhirn herum thront es majestätisch und viel beachtet: das Großhirn. Genauer gesagt: die Großhirnrinde. Denn was man sieht, wenn man von außen aufs Gehirn schaut, ist nur die Rinde des Großhirns. Diese Rinde (oft aus dem Lateinischen „Cortex" genannt) ist zwei bis fünf Millimeter dick, besteht aus dicht gepackten Nervenzellkörpern und ist tatsächlich der allerneueste Schrei in der Evolution. Beim Menschen ist sie außergewöhnlich stark entwickelt, extrem gefurcht und gewunden, dadurch passen ganz besonders viele Nervenzellen in den Schädel. So ermöglicht sie uns das, wofür wir uns gerne rühmen: Bewusstsein, Gedächtnis, Sprache, Gefühle.

Die meisten Nervenzellen in unserem Gehirn liegen also in einer dünnen Rindenschicht, doch fast noch wichtiger ist das, was unter dieser Schicht liegt und den Rest des Großhirns einnimmt: die Nervenfasern, die die Neuronen[9] miteinander verbinden: Der Großteil des Großhirns besteht eigentlich nur aus Steckern und Kabeln.

Die Form der Großhirnrinde mit ihren vielen Wülsten hat aber noch einen weiteren Vorteil: Sie ermöglicht es Hirnforschern, die Großhirnrinde zu unterteilen – und zwar in vier Lappen, die sich durch besonders ausgeprägte Furchen und Windungen abgrenzen lassen. Äußerst populär ist der Frontallappen, denn dort soll das Wichtigste unseres gesamten Denkapparates sitzen: unser Bewusstsein. Vernunft und Intellekt scheinen auf diese Weise endlich ein Zuhause bekommen zu haben: in einem schwabbeligen, blutdurchtränkten Kiwi-großen Hirngewebe, das fast zu 100 Prozent aus Wasser und Fett besteht. Willkommen daheim, liebe Vernunft!

Doch noch nicht mal im eigenen Haus ist diese immer Herrin der Lage. Denn tatsächlich liegt all das, was man so oft einem (nicht existierenden) Stamm- oder Reptiliengehirn zuschreibt (niedere Triebe, intensive Gefühle, unsere Instinkte), genau dort, tief im Großhirn versteckt: im limbischen System. Der Name zeigt sehr schön, dass man selbst als Hirnforscher nicht immer genau weiß, was Sache ist. Ein „System", das klingt schon mal undeutlich, und „limbisch", also umsäumend, soll es auch noch sein (es „umsäumt" nämlich das Zwischenhirn). Tatsächlich ist bis heute nicht ganz geklärt, was genau zum limbischen System gehört, doch mit so einem ungenauen Begriff macht man schon mal nichts falsch.

Eine besondere Region ist aber auf jeden Fall Teil dieses Systems: die Amygdala (griechisch für Mandelkern). Sie ist nicht nur wichtig für die Ausbildung unseres Gedächtnisses, sondern steuert auch unsere Gefühlswelt. Die Amygdala ist dabei ständig am Vergleichen und kombiniert Erinnerungen und Erfahrungen mit aktuellen Eindrücken. Erst durch diesen Vergleich können wir eine Emotion auslösen. Zum Beispiel Ekel: Die ablaufenden neuronalen Prozesse hat das Gehirn schon von Geburt an drauf – Übelkeit, Schweißausbrüche oder Alarmbereitschaft des Körpers. Doch was uns anekelt, entscheidet die Amygdala, indem sie ein konkretes Bild (zum Beispiel von einem Schimmelkäse) mit Erfahrungen und anerzogenen Verhaltensmustern abgleicht. Deswegen ist Schimmelkäse für manche eklig, für andere nicht. Die Basisemotion des Ekels ist also angeboren, doch wovor wir uns ekeln, wird kulturell antrainiert.

Doch nicht nur beim Ekel mischt die Amygdala mit. Immer wenn uns etwas wütend, traurig oder froh macht, hat die Amygdala ihre neuronalen Finger mit im Spiel. Aber auch hier gilt: Es ist mitnichten so, dass die Amygdala das alleinige Gefühlszentrum wäre, wie man ab und zu hört. Erst wenn die Informationen vom Großhirn, von Teilen des Zwischenhirns und aus anderen Regionen des limbischen Systems kombiniert werden, kann auch die Amygdala zur Gefühlsbildung beitragen.

Nichts ist es also mit dem Großhirn als dem Ort der puren Vernunft. Urtümliches Imponiergehabe oder ordinäres Balzverhalten auf dem Oktoberfest finden nicht ausgelagert im archaischen, primitiven „Reptiliengehirn" statt, sondern dort, wo auch die „Ode an die Freude" komponiert wurde: im Großhirn – unter freundlicher Mitwirkung aller anderen Hirnregionen.

Man muss nicht groß sein, um groß zu sein: das Kleinhirn

Neben Hirnstamm, Zwischen- und Großhirn gibt es noch einen weiteren Hirnteil, der allerdings einen etwas schlechten Ruf genießt: das Kleinhirn im Nackenbereich. Die wahre Größe dieses anatomischen Wunderwerks wird gerne verkannt. Denn auch wenn alle Bereiche des Gehirns prima miteinander vernetzt sind, ist das Kleinhirn der wahre Meister in dieser Kunst. Während Nervenzellen in der Großhirnrinde im Schnitt mit 10 000 anderen Nervenzellen in Kontakt stehen, können sich Neuronen im Kleinhirn mit über 100 000 Kollegen verbinden. Außerdem ist die Oberfläche des Kleinhirns nochmals deutlich stärker gefaltet als die des Großhirns, und seine interne Architektur deutlich strenger, fast pedantisch organisiert. Das Kleinhirn hat nämlich eine Menge zu tun. Es misst permanent die Position von Muskeln und Gliedmaßen, vergleicht sie mit den Bewegungsimpulsen vom Großhirn, berechnet eventuelle Abweichungen, integriert neue Bewegungsinformationen und korrigiert die Bewegungsmuster – kurz: Es sorgt dafür, dass wir nicht auf die Nase fallen.

Das hört sich leichter an, als es ist. Denn das grobschlächtige Großhirn mit seinen wulstigen Furchen kann da nicht mithalten und die ganzen Informationen gar nicht so schnell verarbeiten. Die lästige Rechenarbeit für alle möglichen Bewegungen hat es deswegen „outgesourct" und ans Kleinhirn übertragen. So bleibt ihm mehr Zeit für die wichtigen Dinge im Leben.

Auch hier: kein Wettstreit von verschiedenen Gehirnen im Kopf, sondern sinnvolle Arbeitsteilung, um das bestmögliche Ergebnis zu erreichen.

Teamwork ist alles

Vergessen Sie also das Märchen vom „Reptiliengehirn", das bei Männern anspringt, wenn sie Fußball schauen, oder bei Frauen, wenn sie Handtaschen kaufen. Es gibt auch keine Bereiche im Gehirn, die gegeneinander kämpfen (Vernunft- versus Triebregion). Das Gehirn ist vielmehr die perfekte Mannschaft (und das ohne Trainer!) – da ist einer nichts ohne den anderen.

Großhirn, limbisches System, Zwischen- und Kleinhirn – wenn man sich das so anschaut, kann schnell die Vermutung aufkommen, dass wir in unserem Gehirn lauter spezialisierte Regionen ausgebildet haben, die wie Module zusammenwirken. Und schon haben wir es mit dem nächsten Neuromythos zu tun. Den knöpfe ich mir im folgenden Kapitel vor.

Mythos n° 3

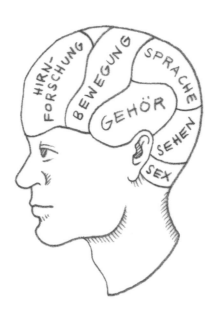

Das Gehirn besteht
aus Modulen

Unser Denkorgan ist nicht nur eine biowissenschaftliche Herausforderung, sondern auch ein beliebtes Untersuchungsobjekt von Psychologen, Philosophen und anderen Geisteswissenschaftlern. Logisch, dass da die Geschichte voll ist von wunderbaren Analogien und Metaphern, wie das Gehirn funktionieren soll: Griechische Philosophen verglichen das Gehirn mit einer Drüse zum Ausscheiden von Körpersäften, vor 200 Jahren beschrieb man es als einen mechanischen Apparat, und heutzutage bedient man sich bei High-Tech-Computer-Analogien.

Menschen denken also gerne in Schubladen – das machen sie auch beim Gehirn, dadurch kann man ein wenig Struktur in die Sache bringen. „Schubladen" klingt im Falle des Gehirns natürlich etwas altbacken, deswegen spricht man lieber von „Modulen", klingt gleich viel moderner. Das Gehirn ist demnach so eine Art Baukasten: aus Modulen.

Das hört sich einfach und übersichtlich an: Fein voneinander getrennt können die Module gezielt für ihre jeweilige Aufgabe aktiviert werden – ein Modul für Angst, eins für die Liebe, eins für den Glauben, eins für Aggression und für was weiß ich noch alles. Selbst der *Spiegel* machte im Frühjahr 2013 aus einer Hirnregion, die an der Erkennung von Zahlen beteiligt ist, mal schnell ein „Mathe-Zentrum".[10] Und jeder hat wohl schon mal was von Seh-, Hör- oder Sprachzentren gehört. Einige Regionen im Gehirn scheinen das Gedächtnis zu kontrollieren oder ausschließlich Gerüche zu verarbeiten. Manche dieser Module haben schon fast Organstatus erreicht, wenn man vom „Angstzentrum" (der Amygdala) oder dem „Gedächtniskontrolleur" (dem Hippocampus) spricht. Als wäre das Gehirn wie ein Smartphone ausgerüstet mit der passenden App für jede Gelegenheit. Einfach das beste Denkmodul gezückt, und schon wird es mit allen Problemen fertig. Doch stimmt das? Ist das Gehirn tatsächlich nichts weiter als das ultimative Smartphone?

Zeig mir deinen Schädel und ich sage dir, wer du bist

Wie immer hilft es, wenn man sich überlegt, wie sich diese Analogien entwickelt haben. Ein besonders abstruser Ursprung findet sich in der Phrenologie, einer (nun ja, Wissenschaft wäre übertrieben) „Untersuchungsmethode" des menschlichen Schädels. Franz Joseph Gall zog im 18. Jahrhundert umjubelt umher und behauptete, aus der Vermessung der Schädelwölbungen den Charakter eines Menschen ablesen zu können. (Merke: Schon damals waren „Hirnforscher" schwer in Mode.) Je mehr man eine bestimmte Hirnregion benutze, desto größer werde diese, bis sie schließlich auch den Schädel ein wenig ausbeule. Also könne man anhand der Schädelform auch ablesen, wo die Hirnmodule sitzen! Verrückte Idee, denken Sie. Doch noch heute können Sie Postkarten kaufen, auf denen der Kopf eines Menschen in kleine Charakterabschnitte eingeteilt ist. Alles hat seinen Platz, das Freundschaftsmodul soll beispielsweise hinter dem rechten Ohr sitzen. Das freut mich, denn dort habe ich eine kleine Beule.

Natürlich ist das keine seriöse Wissenschaft, kommt jedoch dem menschlichen Bedürfnis entgegen, die Dinge sauber einzuteilen und zu ordnen. Das muss allerdings nicht immer schlecht sein, manchmal ist es sogar hilfreich, gerade wenn man das Gehirn anatomisch untersuchen will. Im Vergleich zu anderen Organen gibt es seine Funktionen ja nicht sofort preis. Bei einem Herz sieht man zum Beispiel gut, dass eine Flüssigkeit durch vier Kammern strömen muss, und auch ein Lungenflügel hat eine passende Form, um Luft aufzunehmen. Beim Gehirn muss man jedoch ganz besonders genau hinschauen, um die Details zu erkennen – und das heißt dann noch lange nicht, dass man auch versteht, was diese Teile machen. Denn schließlich hat sich das glibberige Hirngewebe gut ineinander verschlungen, und Gedanken liest man auch nicht so einfach an der Anordnung von ein paar Nervenzellen ab.

Google the brain

Ich finde Karten ganz wunderbar. Meinem Opa geht es da nicht anders. Stundenlang setzt er sich vor seine Landkarten und studiert die Welt. Ich bin da etwas fortschrittlicher und bewege mich virtuell über den Globus: mit Karten, die mir nicht nur anzeigen, wo etwas liegt, sondern was drum herum passiert und wie zum Beispiel der Verkehr gerade läuft. Das ist eine tolle Sache, aber ziemlich aufwendig.

Natürlich hat man versucht, auch das Gehirn zu kartieren und in Abschnitte zu unterteilen. Wie man sich leicht vorstellen kann, artet das schnell in eine gewaltige Puzzlearbeit aus. Einer der erfolgreichsten Puzzler war der deutsche Anatom Korbinian Brodmann. Nur mit einem Lichtmikroskop bewaffnet, konnte er vor über 100 Jahren die erste „Kartierung" des menschlichen Gehirns vornehmen. Er beobachtete die feinen Unterschiede in der Anordnung der Nervenzellen: konkret, wie sich diese zu Schichten und abgegrenzten Regionen aneinanderlagerten. Bei der Namensgebung war er allerdings nicht gerade kreativ und unterteilte die Großhirnrinde in 52 Felder (lat. Areae), die er einfach durchnummerierte. So eine Karte gleicht einer Landkarte, die mein Opa benutzt: Es ist darauf verzeichnet, *was* sich *wo* befindet. Das reicht aber noch nicht aus, um auch zu erklären, was dort *passiert*.

Also muss man eine solche Karte mit Informationen über die

Funktionsweise des Gehirns ergänzen, so wie es Google tut, wenn es abbildet, wo der Verkehr gerade am dichtesten ist. Erste Anhaltspunkte dafür gab es durch Hirnverletzungen, entweder als Folge von Unfällen oder von Hirnoperationen. Oftmals haben lokale Schädigungen nämlich einen ganz konkreten Effekt: Verletzt man beispielsweise den vorderen Teil der Brodmann-Area 22, so ist das Verständnis für Sprache beeinträchtigt, Patienten können Wörter nicht mehr erkennen oder sinnvoll zuordnen. Allerdings können sie selbst Wörter erzeugen und fehlerfrei aussprechen. Umkehrschluss: In der Area 22 muss ein „Spracherkennungs-Zentrum" sitzen – völlig korrekt, man nennt es das Wernicke-Zentrum. Und genauso wie ein Spracherkennungs-Zentrum gibt es auch eine Spracherzeugungs-Region, das Broca-Zentrum (in der Brodmann-Area 45).

Auch wenn es unglaublich klingt: Diese Brodmann-Karte (veröffentlicht 1909) wird heute noch benutzt, um sich im Gehirn zu orientieren, ein Teil des Sehzentrums sitzt beispielsweise in der Area 17. Wie praktisch, so weiß man immer, wo man im Gehirn nach einer Funktion suchen soll. Doch wer nach der Brodmann-Area mit der Unglückszahl 13 Ausschau hält, wird enttäuscht: Die gibt es beim Menschen nicht. Und wer im Kino „Independence Day" geschaut hat, weiß: „Area fifty-one" ist ein geheimer Stützpunkt der US-Luftwaffe, auf dem Außerirdische abgestürzt sind (was natürlich geleugnet wird) – kann es da verwundern, dass es auch im menschlichen Gehirn keine „Area 51" gibt? Mysteriös! Doch um weiteren Mythen und Verschwörungstheorien vorzubeugen: Brodmann hat diese Felder bei Affen beschrieben, weil sie aber nicht zur menschlichen Anatomie passten, hat er sie übergangen.

Genug gescherzt, kurzes Zwischenfazit: Nicht jeder Gehirn-Mythos ist vollkommener Blödsinn, meist hat er sogar einen wahren Kern. Das ist zum Beispiel hier der Fall, denn für manche Funktionen haben sich im Gehirn tatsächlich Module herausgebildet, die ganz bestimme Aufgaben haben. Und dennoch geht das Bild zu weit ...

Der Vorteil des Moduldenkens

Das Denken mit Modulen kann Vorteile haben, das wird besonders deutlich beim Sehsinn. Die Nervenfasern von der Netzhaut (insgesamt sind es etwa eine Million) laufen zunächst im hinteren (ich sollte fachlich korrekt bleiben und „nackenseitigen" sagen) Bereich des Gehirns zusammen: der *primären* Sehrinde. Dort wird die Seh-Information des Auges auseinandergenommen, für jede Teilinformation gibt es ein spezielles Nervenzell-Grüppchen: für Farbe, Orientierung oder Richtung. Drum herum liegen *sekundäre* und *tertiäre* Sehzentren, die Konturen, Gestalt oder Kontraste erkennen. Insgesamt gibt es mehr als 30 Regionen, die jeweils eine bestimmte Aufgabe erfüllen. Zu Beginn ist die Information vom Auge also noch nicht sehr präzise („gelbliche, harte Substanz vor dunklem Hintergrund"), sie wird dann zu komplexen Mustern geformt („ein seltsames Gebiss") und schließlich zu einem Bild verarbeitet, das im Kopf bleibt („Stefan Raab bleckt Beifall heischend in die Kamera").

In diesem konkreten Fall bietet sich eine Modulverarbeitung tatsächlich an. Das liegt daran, dass sich das Nervensystem nach einem einfachen Prinzip aufbaut: immer alles schön miteinander verschalten, aber nichts durcheinanderbringen! Bei der Verarbeitung von Sinnen kommt es ja gerade darauf an, dass das verlässlich und reproduzierbar passiert. In jahrelanger Entwicklungsarbeit hat das Gehirn herausgefunden, nach welchen Gesetzmäßigkeiten Bilder sinnvoll verarbeitet werden. Diese Gesetzmäßigkeiten haben daher auch ihre Entsprechung im Gehirn gefunden.

Nun will man als Wissenschaftler aber auch komplexere Vorgänge im Gehirn untersuchen als zum Beispiel das Erkennen von Bildern oder Sprache (nicht, dass das wirklich einfach wäre). Was ist beispielsweise mit Emotionen, Gefühlen oder Charaktereigenschaften, bestimmten Gedankengängen, Intelligenz und Kreativität? Lassen sich diese auch irgendwo in bestimmten Modulen verorten? Die Antwort lautet: Nein. Doch holen wir ein wenig aus.

Module für alles und jeden

Hirnforscher haben ein Problem: Da ist dieses glitschige Gehirn, gut verpackt unter einer dicken Schädeldecke, und denkt so vor sich hin. Was macht der findige Forscher also, wenn er wissen will, was da gerade wo passiert? Er schiebt das Untersuchungsobjekt, einen meist freiwilligen Probanden, in einen „Hirnscanner" (Kernspintomographen) und stellt ihm kognitive Aufgaben: Vielleicht zeigt er ihm ein Bild von seiner Angebeteten, misst sogleich den Blutfluss im Gehirn, macht das in bunten Bildern sichtbar und erkennt, welche Hirnregion gerade besonders aktiv ist – das muss dann wohl das Liebes-Zentrum sein!

Mit dieser Methode meint man, gleich zwei Fliegen mit einer Klappe zu schlagen: Man erfährt erstens, wo das Gehirn gerade aktiv ist, und zweitens, welche Funktion dieses Areal ausübt. So ausgerüstet macht man sich daran, die Aufgaben der Hirnregionen zu vermessen. Hirnstrukturen bekommen auf einmal einen Sinn: Wenn Konzertpianisten improvisieren, springt die mittlere Hirnwindung am Hinterkopf (der mittlere *occipitale Gyrus*) an.[11] Der *Nucleus accumbens* wird aktiv, wenn wir eine risikoreiche Finanzentscheidung treffen[12] (leider kam diese Untersuchung im Jahre 2008 einen Moment zu spät, da war die Finanzkrise nicht mehr aufzuhalten). Und wie viele Beziehungskrisen hätte man vermeiden können, wenn man gewusst hätte, dass das rechte *subcallosale Cingulum* zu Beginn einer romantischen Beziehung weniger aktiv sein muss, damit es mit dem Zusammenleben auch gut klappt?[13] Egal, denn Hauptsache, der kopfseitige *anteriore cinguläre Cortex* war es, denn dann blickt man optimistischer in die Zukunft.[14]

Offenbar gibt es für alles Mögliche eine entsprechende Hirnregion, die gezielt anspringt. Einfach noch ein paar komplizierte wissenschaftliche Namen dazu, und schon hat man ein „Hirnmodul" gefunden. Klasse. Aber auch Unsinn.

Die Verführung bunter Bilder

So interessant das alles klingt, es liegen doch einige grundlegende Probleme in dieser Messmethode, das haben wir bei Mythos n° 1 schon gesehen: Sie ist langsam, unpräzise und indirekt. Sie erfordert allerhand Annahmen und Rechenschritte, um überhaupt ein Bild zu erzeugen. Und sie verleitet zu vorschnellen Schlüssen, denn das Endprodukt sieht immer überzeugend aus: ein graues Gehirn, das an wenigen Stellen bunt aufleuchtet. Doch so verlockend die Annahmen von spezifischen Hirnmodulen sind, sie greifen deutlich zu kurz. Nur weil etwas in einem Hirnscan farbig markiert ist, heißt das noch nicht, dass es auch eine ganz bestimmte Funktion hat.

Ein Beispiel: Einer bestimmten Hirnregion wird aufgrund dieser Hirnscans zugeschrieben, bei der Erzeugung von Angst, Ekel oder allgemein negativen Gefühle eine Rolle zu spielen: der Amygdala, was, wie im vorherigen Kapitel schon gehört, so viel wie Mandelkern bedeutet. (Merke: Neuro-Anatomen können auch findige Sprachkünstler sein, nicht jeder macht es sich so einfach und nummeriert das Gehirn lieblos von 1–52 durch wie Herr Brodmann.)

Nun kann man aber zeigen, dass die Amygdala nicht nur bei negativen Gefühlen aktiv wird, sondern auch, wenn man einen Gewinn erwartet,[15] wenn man dramatische Musik hört[16] oder ganz allgemein Bilder von lachenden Gesichtern betrachtet.[17] Wenn man in einer fMRT-Aufnahme erkennt, dass die Amygdala besser durchblutet ist, heißt das also nicht notwendigerweise, dass auch konkret eine ganz bestimmte Hirnfunktion aktiviert wird. Genauso wie die Amydala ein „Angstzentrum" ist, kann sie auch ein „Vorfreudezentrum" sein.

Mythos nº 3

Werden Sie Hirnforscher in zwei Minuten!

Mit diesem Wissen können Sie selbst ganz schnell zum Hirnforscher werden und auf der nächsten Party mächtig prahlen (so wie ich das häufig und gerne tue). Geben Sie sich als Fachmann der Neurowissenschaft aus, protzen Sie ruhig ein wenig herum (Angeberwissen finden Sie in diesem Buch ja genug). Wenn Sie dann zufällig gefragt werden sollten, ob Sie das beweisen könnten und welche Hirnregion denn bitte schön gerade bei Ihrem Gesprächspartner aktiv ist, antworten Sie „Wenn ich dich so anschaue …, der anteriore cinguläre Cortex natürlich." Und das Tollste ist: Damit würden Sie nicht einmal bluffen, denn mit der Antwort können Sie kaum falsch liegen. Dieser Bereich im Gehirn liegt im vorderen (lat. anterioren) Bereich der Hirnrinde (lat. cortex) und umschlingt die tieferen Hirnbereiche wie ein Gürtel (lat. cingulum). Er ist nahezu immer aktiv, wenn wir irgendetwas Emotionales tun – und wann ist das schon mal nicht der Fall? So kann man zeigen, dass er bei US-Demokraten größer ist als bei Republikanern,[18] er wird aber auch aktiviert, wenn Online-Spielsüchtige Bilder von ihrem Lieblingsspiel sehen.[19] Ob es da einen Zusammenhang gibt, konnte ich leider nicht in Erfahrung bringen.

Kurzum: Der anteriore cinguläre Cortex macht immer mit, wenn es ansatzweise gefühlig wird. Wenn Ihr Gegenüber eine tiefe Denkfurche zwischen den Augenbrauen hat, können Sie auch sagen, dass gerade sein „präfrontaler Cortex" aktiviert ist. Auch das stimmt nahezu immer, denn wenn wir wach und aufmerksam sind, ist ebenfalls der präfrontale Cortex bei der Arbeit.

Man sieht: Die fMRT liefert zwar interessante Hinweise, wenn man erkennen möchte, wie die Hirnaktivität grob strukturiert ist, doch das wird schnell beliebig. Eine Hirnregion (so kompliziert sie auch klingen mag) kann bei einer bestimmten Aufgabe aktiviert werden, doch das heißt noch lange nicht, dass sie ursächlich an der Verarbeitung beteiligt ist. Gerade bei der fMRT muss man das Grundrauschen im Gehirn, die permanente Aktivität im Hintergrund, herausfiltern, damit man irgendwelche belastbaren Ergebnisse erhält. Zum Schluss sieht es dann so aus, als wäre nur eine Hirnregion aktiv, dabei ist permanent Action in allen möglichen Hirnarealen.

Das Gottes-Modul

Ganz abstrus wird es, wenn man versucht, komplexe Vorgänge im Gehirn auf die Aktivität weniger Hirnregionen zu reduzieren. Einige Forscher meinen sogar, ein „Gottes-Modul" im Schläfenlappen des Gehirns gefunden zu haben[20] oder das „neuronale Korrelat von langfristiger intensiver romantischer Liebe" (tatsächlich der Originaltitel der wissenschaftlichen Veröffentlichung).[21]

Das Problem mit diesen Interpretationen von Hirnscans liegt darin, dass das Gehirn in Wahrheit viel vernetzter arbeitet. Stellen Sie sich vor, Sie liegen in einem Tomographen und sehen das Bild Ihres Partners, den Sie abgöttisch lieben. Was wird wohl alles in Ihrem Hirn passieren? Erinnern Sie sich an gemeinsame Unternehmungen? Haben Sie seine oder ihre Stimme im Ohr? Analysieren Sie das Bild erst mal, damit Sie den Abgebildeten überhaupt als Ihren Partner erkennen können? Denken Sie an *Ihr* Lied? Oder einen Geruch? Vielleicht all das zusammen – und für alles brauchen Sie unterschiedliche Hirnregionen. Was bringt's also, wenn Sie im Hirnscan sichtbar machen, was aktiv ist, also wo das Blut hinfließt, wenn Sie das Bild Ihrer großen Liebe sehen? Nicht viel, solange Sie die einzelnen Vorgänge im Gehirn nicht auseinanderhalten können.

Sicher, es gibt Module im Gehirn, die Sinnesinformationen zerlegen und analysieren. Andere setzen diese Informationen wieder zu einem kompletten Bild zusammen. Einige Areale im Gehirn konzentrieren sich tatsächlich auf die Verarbeitung von konkreten Gefühlen (wie die Amygdala) oder organisieren das Lernen von neuen Informationen (wie der Hippocampus).

Doch man sollte nie den Fehler machen, diese einzelnen Hirnregionen separat zu betrachten, sie quasi zu eigenen Organen im Gehirn zu erklären – ganz besonders gilt das für abstrakte Eigenschaften wie Charakter oder Persönlichkeit. Die haben keinen bestimmten Platz in Ihrem Gehirn. Sie sind vielmehr die *Art und Weise, wie Ihr Gehirn funktioniert.*

Fallen Sie daher nicht auf die verführerischen und scheinbar eindeutigen Hirnscans vom optimistischen, freudigen, liebenden oder gläubigen Gehirn herein. Im vorletzten Kapitel haben Sie schon allerhand Gegenargumente bekommen, um die Kraft dieser Messmethoden relativieren zu können. Und nun wissen Sie auch, warum es prinzipiell keinen Sinn ergibt, nach „dem einen Hirnmodul" zu suchen, in dem der Ursprung der Liebe oder des Hasses verborgen liegt.

Fazit: Hirnmodule gibt es – jedoch nur für die besonders einfachen Rechenoperationen und nie separat, sondern als Teil des Gesamtnetzwerks. Je komplizierter es wird, desto weitläufiger wird das Netz aktiviert. Das Gehirn ist also weit mehr als ein besonders intelligentes Smartphone, das mit allerlei Apps ausgerüstet ist.

Mythos n° 4

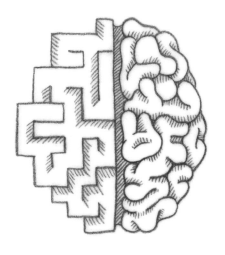

Links die Logik,
rechts die Kunst:
Unsere Gehirnhälften denken
unterschiedlich

Neulich bin ich im Internet auf eine tolle Seite gestoßen: „Right-brained? Left-brained? Take the brain test!" Klasse Sache, habe ich mir gedacht, jetzt finde ich endlich heraus, mit welcher Hirnhälfte ich bevorzugt denke. Soll schließlich eine Menge über einen aussagen. Also habe ich fleißig ein paar Figuren zugeordnet und Fragen beantwortet, etwa danach, wie ich meine Hände übereinander falte. Zum Schluss kam heraus: 62 Prozent rechts-hirnig.

Aha! Und jetzt?

Der Rechts/links-Mythos ist ein ganz besonders hartnäckiger. Er erklärt einfach so viel: warum Mathematiker logisch und analytisch denken (bei ihnen funktioniert ihre linke Hirnhälfte besser), warum Musiker und Maler so kreativ sind (sie denken überwiegend mit dem „rechten Gehirn"), oder warum sich manche Menschen prima in andere hineinversetzen können (weil ihre „empathische rechte Hirnhälfte" besser funktioniert).

Hinzu kommt: Das lässt sich auch noch prima verkaufen. Folgerichtig wird man geradezu erschlagen von einem Angebot an Ratgebern, Selbsthilfeliteratur und Smartphone-Apps – manche fallen (wie der naive Autor dieses Textes) sogar darauf rein und machen Online-Tests, um zu bestimmen, mit welcher Hirnhälfte sie vornehmlich denken. Berater bringen Scharen von willigen Seminarteilnehmern bei, wie sie ihre rechte oder linke Hirnhälfte besser nutzen oder beide Hälften besser in Einklang bringen und folglich die ganze Kapazität des Hirns ausschöpfen.

Man tut geradezu so, als befänden sich zwei Gehirne im Kopf. Ein logisch, analytisch denkendes, detailverliebtes und ein kreatives, ganzheitliches, intuitives. Wäre doch spitze, wenn man die beiden Gehirnhälften gezielt nutzen könnte. Und wenn nicht, kann man immerhin einen lustigen Persönlichkeitstest machen und „wissenschaftlich" bestimmen, was für ein Hirn-Typ man ist.

Unsere zwei Gehirne im Kopf

Wer jetzt denkt, das sei alles kompletter Blödsinn: Überraschung! Wir haben tatsächlich zwei unterschiedliche Gehirnhälften in unserem Schädel, und so verrückt es sich anhört: Die haben auch wirklich unterschiedliche Aufgaben, zumindest zum Teil.

Dazu muss man wissen, dass nahezu alles in unserem Nervensystem paarweise vorkommt (für die Besserwisser unter meinen Lesern: bis auf die Epiphyse im Gehirn, die ist an der Steuerung des Schlaf-Wach-Rhythmus beteiligt und gibt's nur einmal). Das Gehirn ist daher durch eine tiefe Längsfurche in zwei Hälften geteilt. Wer nun vermutet, diese zwei Hirnhälften seien komplett symmetrisch, irrt sich schon wieder. Tatsächlich passen sich beide Hirnhälften im Laufe eines Lebens an und verändern an einigen Stellen ihre Form. Das Sprachzentrum liegt zum Beispiel oft in der linken Hirnhälfte (in 96 Prozent der Fälle, wenn man Rechtshänder ist), die entsprechende Hirnregion ist daher ein bisschen größer als auf der anderen Seite.

Interessanterweise steuern wir mit den Hirnhälften die jeweils gegenüberliegende Körperseite. Die rechte Hirnhälfte kontrolliert also den linken Arm. Das Gleiche gilt auch für Sinneswahrnehmungen: Die linke Gehirnhälfte erkennt die Tastempfindungen der rechten Hand. Hier sieht man ein grundlegendes Prinzip im Nervensystem: Alle Sinnes- oder Bewegungs-Fasern überkreuzen sich irgendwann auf ihrem Weg ins

Gehirn. Das hat einen guten Grund – aber den kennt noch keiner, noch nicht mal die Hirnforscher.

Logischerweise arbeiten die beiden Hirnhälften auch nicht separat für sich. Wenn die Selbsthilfeliteratur rät, „die beiden Hirnhälften besser zu verbinden", kann ich Sie an dieser Stelle beruhigen: Die Hirnhälften sind schon verbunden, und zwar ziemlich gut, durch den sogenannten Balken. Der Balken ist ein dickes Faserbündel in der Mitte des Gehirns, die Datenleitung, in der die Nerven zwischen den beiden Hirnhälften hin- und herlaufen. Hier geht es wirklich dicht gedrängt zu: Der Balken ist etwa so groß wie ein Daumen und enthält eine Viertelmilliarde Nervenfasern. Das reicht, damit sich beide Hirnhälften hervorragend verständigen.

Zwei Seelen wohnen, ach! in meinem Hirn

Was passiert nun, wenn man den Balken durchschneidet und die beiden Hirnhälften voneinander trennt? Großes Chaos, könnte man vermuten. Schließlich ist der Balken nicht bloß da, um zu verhindern, dass die Hirnhälften auseinanderfallen, sondern unentbehrlich für die Kommunikation im Gehirn.

Manchmal ist ein durchtrennter Balken jedoch das kleinere Übel – zum Beispiel für Epileptiker, bei denen in bestimmten Hirnregionen eine Überaktivität entsteht, die sich dann großflächig auf das Gehirn ausbreitet. Um das zu verhindern, haben Roger Sperry und Michael Gazzaniga in den 1960er Jahren Patienten den Balken durchtrennt. Und siehe da: keine großen Einbußen in der Hirnleistung, und die epileptischen Anfälle besserten sich.

Interessant wurde es, als man untersuchte, ob diese „splitbrains", die geteilten Gehirne, irgendwie anders ticken. Und tatsächlich! Durch eine geschickte Versuchsanordnung konnten Sperry und Gazzaniga zeigen, dass die linke und die rechte Hirnhälfte zum Teil unterschiedliche Funktionen haben. Präsentiert man einen Gegenstand (zum Beispiel eine Gummiente) so, dass er im rechten Gesichtsfeld erscheint, dann wird er von der linken Gehirnhälfte erkannt. Da bei den meisten Menschen die wichtigen Sprachzentren in der linken Hirnhälfte sitzen, kann der Patient den Gegenstand logischerweise korrekt benennen („Das ist eine Gummiente!"). Anders sieht es aus, wenn man die Ente im linken Gesichtsfeld erscheinen lässt. Das Bild der Ente wird von der rechten Gehirnhälfte verarbeitet, doch ohne Sprachzentren kann die Ente nicht benannt werden. Weil aber die rechte Hirnhälfte die linke Hand steuert, kann der Patient die Ente mit dieser Hand ertasten.

Das klingt schon merkwürdig. Richtig unheimlich wurde es dann jedoch in weiteren Experimenten: Die Hirnhälften der Split-Brain-Patienten können nämlich sogar in direkten Konflikt geraten. Ein Patient versuchte sich mit der rechten Hand eine Hose anzuziehen – während seine eigene linke Hand ihn daran hinderte. Oder er versuchte, mit der linken Hand seine Frau zu packen, doch seine rechte Hand ließ das nicht zu.[22]

Diese Experimente zeigten zum ersten Mal, dass Informationen in den Gehirnhälften tatsächlich unterschiedlich verarbeitet werden. Neurobiologisch faszinierend – und natürlich ein gefundenes Fressen für die Populärwissenschaft: unterschiedliche Hirnhälften, Menschen, die Dinge wahrnehmen, aber nicht benennen können, unterbewusste Handlungen, die sich widersprechen – als hätten wir mehrere Persönlichkeiten im Kopf. Eine Steilvorlage für pseudowissenschaftliche Interpretationen. Warum nicht gleich ganze Charaktereigenschaften in bestimmte Hirnhälften schieben? Wenn die rechte Seite besser ganzheitliche Muster erkennt und zeichnen kann (was sie tatsächlich tut), warum dann nicht gleich die gesamte Kreativität ins „rechte Gehirn" packen? Resultat: ein logisches, für Sprachen zuständiges und dominantes linkes Hirn – und ein armes rechtes Hirn, das schön ganzheitlich und einfühlsam denkt, aber leider immer untergebuttert wird.

Die Kreativität des Walzer-Tanzes

Nach einigen anfänglichen Untersuchungen in diese Richtung hat sich die seriöse Neurowissenschaft jedoch schnell von solchem Humbug verabschiedet. Und so knifflig es manchmal ist, die modernen bildgebenden Verfahren einzusetzen, um die Hirnaktivität besser zu verstehen (ich denke, in den vorherigen Kapiteln habe ich mich zur Genüge darüber ausgelassen): An dieser Stelle ist eine fMRT ganz nützlich.

Das trifft gerade für den besonders populären Mythos zu, die rechte Hirnhälfte sei kreativ, die linke logisch und analytisch. Vollkommener Nonsens! Glauben Sie bloß nicht diesen ganzen Ratgebern, die das behaupten und Ihnen versprechen, mit ein paar Tricks die rechte Hälfte zu aktivieren und ganzheitlicher und kreativer zu denken.

Neurowissenschaftler untersuchen wirklich alles. Also auch, wie die Gehirnaktivität aussieht, wenn man kreativ ist und sich vorstellt, improvisierend durch den Raum zu tanzen. Große Überraschung: Es macht tatsächlich einen Unterschied, ob man sich einen klassischen Walzer oder einfach nur „Freestyle-Tanzen" vorstellt. Die Hirnaktivität der Probanden zeigt nämlich zweierlei: dass Walzer-Tanzen das Gehirn weniger großflächig aktiviert als ein freier Ausdruckstanz (keine Sorge, liebe Wiener-Opernball-Besucher, Ihr Hirn ist beim Tanzen vielleicht nicht besonders kreativ, aber dafür umso konzentrierter bei der akkuraten Bewegungsausführung – und gestresst dürfte es auch sein). Darüber hinaus zeigt sich, dass beide Hirnhälften gleichermaßen am Improvisieren freier Bewegungen beteiligt sind.[23] Genau das misst man häufig bei Kreativitätstests im Labor – nicht nur bei Ausdruckstänzen, sondern auch, wenn Probanden sich viele Verwendungsmöglichkeiten für einen Ziegelstein einfallen lassen sollen. Je nach Aufgabe sind unterschiedlichste Regionen aktiv: mal rechts, mal links, mal solche, die Gefühlen zugeordnet werden (wie die Amygdala), mal Bereiche, die Bewegungen steuern (wie das Kleinhirn). Es kommt immer darauf an, um was genau es sich bei der kreativen Leistung handelt: Ein Ausdruckstanz ist logischerweise etwas anderes als ein Sprachtest. Tatsächlich scheint es überhaupt keine Region im Gehirn zu geben, die in besonderem Sinne verantwortlich für Kreativität ist.[24] Weder in der rechten noch in der linken Hirnhälfte. Lediglich der schon erwähnte präfrontale Cortex (vorne in der Stirn) ist so gut wie immer aktiv – kein Wunder, denn er reguliert bewusste Aufmerksamkeit. Und aufpassen sollte man schon, das hilft nämlich, wenn man ein Problem kreativ lösen will.

Hier sieht man schon das ganze Missverständnis des Rechts/links-Hirnmythos: Die Leute übertreiben, und sie bringen Sachen durcheinander. Nur weil einige konkrete Funktionen im Gehirn vornehmlich auf einer Seite liegen, heißt das noch nicht, dass man damit ganze Charaktereigenschaften erklären kann. Es stimmt: Sprachzentren befinden sich meist auf der linken Seite. Doch in der rechten Hirnhälfte geben wir diesen Wörtern dann eine Sprechmelodie. Die beiden Hirnhälften arbeiten also immer zusammen und formen gemeinsam das funktionierende Ganze.

Das trifft auch auf das mathematische Denken zu, das ja bevorzugt in die linke Hirnhälfte gepackt wird. Aber auch hier sieht man wieder gut, dass es nicht darauf ankommt, eine einzelne Hirnregion anzuschmeißen und sich dann plötzlich im Mathe-Modus zu befinden. So konnte man (mithilfe der fMRT) zeigen, dass mathematische Aufgaben umso besser gelöst werden, je intensiver die beiden Hirnhälften miteinander kommunizieren. Dass nur eine Hälfte (die vermeintlich logisch-mathematische linke) aktiv ist, reicht nicht für logische Höhenflüge.[25] Nichts ist es also mit der Einteilung „Kunst rechts – Mathe links".

Das Hirnhälften-Ehepaar

Auch die Annahme, dass wir überwiegend mit der linken oder rechten Hirnhälfte denken, dass es also „rechts-hirnige" und „links-hirnige" Menschen gibt, ist Mumpitz. Untersucht man bei tausend Probanden, wo im Gehirn sie bestimmte Aufgaben verarbeiten, stellt man fest, dass es nur wenige Netzwerke gibt, die auf einer bestimmten Seite des Hirns besonders stark ausgeprägt sind (wie beispielsweise das Broca-Areal für die Spracherzeugung). Die meisten Aufgaben werden jedoch an verschiedensten, weit voneinander entfernten Stellen in beiden Hirnhälften bearbeitet.[26] Rechts- oder links-hirnige Menschen gibt es genauso wenig wie vorder- oder hinter-hirnige. Offenbar kommt es nicht nur darauf an, ein, zwei „Hirnmodule" zu aktivieren, sondern die Informationen zwischen verschiedenen Hirnbereichen auszutauschen – eben durch den Balken, der die Hirnhälften verbindet.

Manchmal wird auch das Bild vom „alten Ehepaar" bemüht, um zu erklären, wie die Hirnhälften miteinander auskommen: Im Laufe der Zeit hätten sie sich wie glücklich verheiratete Partner ihr Leben aufgeteilt. Bei Entscheidungen sei der eine eher impulsiv und direkt, die andere vielleicht analytisch und logisch. So ergänzten sich die beiden und bildeten sozusagen einen „Beziehungsorganismus". Das Gesamtergebnis entstehe aus der Kombination beider Sichtweisen, und solange die Kommunikation stimme, ergebe sich ein eingespieltes Team.

Das stimmt so für das Gehirn nicht. Zwar hat jede Hirnhälfte spezielle Verarbeitungskonzepte (sprachlich oder räumlich), doch solange der Balken nicht durchtrennt ist, sind sie eben Teil eines *gemeinsamen Netzwerks*. Informationen treffen gleichzeitig auf das Gehirn ein, werden verteilt verarbeitet und dabei immer wieder miteinander kombiniert, bis schließlich *simultan* eine Gesamtaktivierung (das, was wir „Gedanke" nennen) entsteht und eine Handlung ausgelöst wird. Eben nicht wie bei einem Ehepaar, bei dem sich jeder erst mal selbst seine Gedanken macht und man dann darüber spricht (oder sich Teller an den Kopf wirft, wieder versöhnt und trotzdem immer irgendwie unterschiedliche Sichtweisen hat), sondern gleichzeitig, in ständigem Austausch als Teil eines einzigen Organs.

Wozu das alles?

Jetzt könnte man berechtigterweise fragen: Und was bringt das alles? Warum ist das Gehirn in zwei Hälften geteilt, die lediglich durch einen schmalen Streifen Nervenfasern miteinander verbunden werden? Schließlich sind selbst 250 Millionen Nerven zum Austausch zweier Hirnhälften nicht besonders viel, wenn man die Gesamtzahl der Verbindungen auf eine sehr grobe Billiarde schätzt. Wollte man den Austausch zwischen den Hirnhälften so weit ausbauen, dass 100-prozentige Kommunikation zwischen den Hirnhälften möglich ist, wäre der Balken selbst so dick wie eine „dritte Hirnhälfte".

Nun darf man, wenn man evolutionär argumentiert, nicht mit „Warum?"- und „Wozu?"-Fragen kommen. Der Balken hat sich eben durchgesetzt, weil es nichts Besseres gab. Punkt. Dennoch hat es Vorteile, das Gehirn genauso symmetrisch zu organisieren, wie unser Körper gebaut ist. Sie haben es sicher schon bemerkt: Wir alle haben eine linke und eine rechte Körperhälfte. Da ist es vermutlich deutlich effizienter, jede dieser Körperseiten mit einer bestimmten Hirnhälfte zu steuern. Die Feinmotorik, die sensiblen Sinnesempfindungen, all das erfordert einen hohen Rechenaufwand im Gehirn. Also ist es gut, wenn man diese Netzwerke schön gebündelt nebeneinander ablegt. So wird die Rechengeschwindigkeit beschleunigt, ein langwieriger Informationsaustausch im Gehirn entfällt. Wenn dann doch mal was mit der anderen Körperseite abgestimmt werden muss, reichen dafür auch ein paar Millionen Verbindungen zur anderen Hirnhälfte.

Nervennetzwerke werden also umso effizienter, je dichter sie gepackt sind. Das könnte auch der Grund sein, weshalb die Sprachzentren (Broca- und Wernicke-Areal) vornehmlich in einer Hirnhälfte liegen. Das muss nicht die linke sein, bei 30 Prozent aller Linkshänder befinden sich die Sprachzentren nicht auf der linken Seite. Doch wenigstens auf engem Raum sollten sie liegen. So werden die Ressourcen gebündelt und nicht für unnötiges Kommunizieren mit entfernten Hirnregionen verschwendet.

Im Laufe der Zeit haben sich im Gehirn also kleine Netzwerke ausgebildet, Areale, die eine bestimmte Aufgabe besonders gut lösen können. Das sind aber in aller Regel nur die elementaren Grundoperationen – erst im Zusammenspiel mit anderen ergeben sich komplexe Dinge wie ein Gedanke. Und weil das Gehirn zwei Hälften hat, verteilen sich diese Areale auch auf diese zwei Seiten. Das heißt jedoch nicht, dass eine Hälfte prinzipiell „besser" wäre oder sogar die andere Hälfte dominiert. Nur weil gesprochene Sprache oftmals, nicht immer, links erzeugt wird, heißt das nicht, dass die rechte Hirnhälfte beim Sprachprozess stumm geblieben wäre. Die beiden Hälften stehen auch nicht in einem ständigen Kampf um die Vorherrschaft im Hirn. Im Gegenteil, sie vertragen sich prima und kommunizieren immer bestens.

Deswegen: Vergessen Sie diesen rechts-/links-hirnigen Persönlichkeitsquatsch. Behalten Sie jedoch im Kopf (rechts oder links oder wo auch immer, ist mir egal), dass es tatsächlich einige grundlegende Verarbeitungsnetzwerke gibt, die meist auf einer bestimmten Seite liegen. Doch unser Gehirn ist immer eine Einheit – und die Hirnhälften sind nicht zwei Seiten einer Medaille, sie sind eine Medaille.

Mythos n° 5

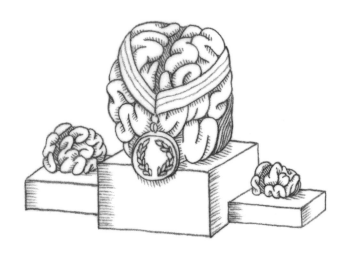

Je größer ein Gehirn,
desto besser

Ich stelle Sie vor die Wahl: Sie können ein großes, mächtiges Gehirn haben, mit einer außerordentlich hohen Zahl an Nervenzellen und einem Gewicht von, sagen wir, 2,5 Kilogramm – oder ein kleines, leichtes, handliches Hirn, gerade mal ein Kilogramm schwer, mit deutlich weniger Hirnzellen. Für was entscheiden Sie sich? Wenn Ihnen an überdurchschnittlicher Brain-Power gelegen ist, werden Sie vermutlich das große Gehirn wählen. Ist ja mehr drin, dann kann auch mehr rauskommen.

Große Gehirne haben einen großartigen Ruf. Wer viele tolle Gedanken hervorbringen will, braucht dafür schließlich Platz. Je größer ein Gehirn ist, desto mehr Leistung bringt es. Ein V16-Motor mit 8000 cm³ Hubraum hat ja auch mehr Power als ein Dreizylinder mit 1000 cm³. Und wie schnell rutscht einem der Satz raus: „Männer können schon etwas besser rechnen, liegt vielleicht auch an ihrem größeren Gehirn!" (Dem Neuromythos, männliche und weibliche Gehirne seien fundamental verschieden, werden wir uns in Kürze ausführlich widmen, mit einigen Überraschungen, so viel darf ich versprechen.)

Es ist ein zutiefst menschliches Bedürfnis, alles vermessen und vergleichen zu müssen – und auch beim Gehirn machen wir da keine Ausnahme. Doch kann man aus der Größenvermessung des Gehirns ableiten, wie es um seine Rechenleistung bestellt ist? Oder kommt es auch auf andere Dinge an, zum Beispiel, wie groß bestimmte Hirnareale sind (und nicht das ganze Gehirn)? Oder wie eng das Netz der Neuronen geknüpft ist?

Mythos n° 5

Spitzmaus mit Superhirn

Machen wir einen kurzen Abstecher in die Biologie (nun gut, eigentlich sind wir da schon die ganze Zeit) und betrachten mal, wie es sich mit den Hirngrößen im Tierreich verhält. Stimmt wenigstens die generelle Annahme, dass große Hirne auch höhere Intelligenz hervorbringen?

Im Durchschnitt wiegt das menschliche Gehirn 1245 Gramm bei Frauen und 1375 Gramm bei Männern. Das ist nicht gerade wenig, wenn man bedenkt, dass der Mensch kein Riese ist und etwa 70 Kilogramm wiegt. Natürlich ist das menschliche Gehirn nicht das größte im Tierreich. Das hat der Pottwal, ein anmutiges Tier mit eckigem Kopf, dessen Gehirn etwa 7,8 Kilogramm wiegt. Ein Gehirn hat nicht nur die Aufgabe, intelligent und kreativ zu sein, sondern beschäftigt sich auch mit dem alltäglichen Kram wie Bewegungssteuerungen oder Sinnesempfindungen. Und zu steuern gibt es bei so einem Wal allerhand, kein Wunder, dass da auch sein Gehirn etwas größer geworden ist. Auch wenn Wale allgemein als intelligent gelten (was allerdings nicht so leicht zu messen ist bei Wesen, die 50 Tonnen wiegen und sich auf offener See tummeln), ist es bei ihnen mit dem Grips nicht so weit her wie beim Menschen. Hier sieht man schon, dass absolute Größe nicht entscheidend ist.

Man muss auch das Körpergewicht berücksichtigen. Am besten schon zu Beginn des vorigen Absatzes, denn männliche Gehirne sind nicht automatisch intelligenter als weibliche, nur weil sie im Schnitt größer sind. Auch der männliche Körper ist üblicherweise massiger als der weibliche – und mehr Körper braucht nun mal auch mehr Hirn. Wie wäre es nun also, wenn man das Hirngewicht ins Verhältnis zum Körpergewicht setzt?

Immerhin ist der Pottwal dann aus dem Rennen um die Intelligenz-Krone im Tierreich. Der Mensch ist allerdings auch nicht Spitzenreiter mit seinen 2 Prozent, die das Gehirn an Körpermasse ausmacht. Ganz oben auf der Liste steht – die Spitzmaus. Wer hätte das gedacht? Immerhin 4 Prozent wiegt ihr Gehirn im Verhältnis zu ihrem Körper, und trotzdem behaupte ich keck, dass wir der Spitzmaus geistig überlegen sind. Eine aktuelle Hypothese besagt übrigens, dass kleine Säugetiere (zum Beispiel Fledermäuse) relativ große Gehirne haben, weil ihre Körper in der Evolution schneller geschrumpft sind als ihre Gehirne.[27] Es hat also keine Höherentwicklung des Gehirns inklusive Wachstum stattgefunden, sondern einfach ein langsames Verzwergen – geben wir der Spitzmaus also noch ein paar Millionen Jahre, dann ist auch ihr Gehirn so winzig wie ihr Intellekt.

Absolute Größe, relative Größe, nichts scheint wirklich zu erklären, warum wir Menschen so intelligent sind. Für Wissenschaftler ist das natürlich total unbefriedigend, und was macht man, wenn man bei einer Messung nicht das gewünschte Ergebnis erzielt? Genau, man ändert einfach die Bedingungen der Messung so lange, bis es irgendwann klappt. Deswegen hat man sich den *„encephalization quotient"* ausgedacht. Er setzt, wie bisher, das Hirn- in Relation zum Körpergewicht – jedoch, Obacht, nur bei vergleichbar großen Tieren. Ganz schön gewitzt. So berücksichtigt man nicht nur, dass die Hirngröße in der Evolution mit der Körpergröße ansteigt, sondern auch, dass das nicht unbedingt gleich schnell passieren muss. Ein Beispiel: Ein Schimpanse ist etwa so groß wie ein Mensch, doch sein Gehirn ist 3,5 Mal so klein. Schlussfolgerung: Wir haben mehr Grips als ein Affe.

Toll, doch was genau erklärt uns das? Sagt die Hirngröße jetzt etwas über die Intelligenz aus? Und was bringt einem ein Vergleich menschlicher Gehirne untereinander?

Einsteins Hirn

Manche Menschen haben außerordentlich gewichtige Gehirne. Jonathan Swift zum Beispiel, der Autor von „Gullivers Reisen", trug knapp 2 Kilogramm Hirnmasse mit sich herum.

Albert Einsteins Hirn hingegen wog gerade mal knapp 1250 Gramm (und damit gut 100 Gramm weniger als der Durchschnitt). Offenbar kann man kaum aus der Hirnmasse ablesen, wie fähig ein Gehirn ist.

Natürlich bringt es nicht immer was, medizinische Sonderfälle zu betrachten. Einsteins Gehirn ist dafür ein schönes Beispiel: In Ermangelung moderner bildgebender Verfahren hat sich bereits vor Jahrzehnten eine ganze Reihe von Wissenschaftlern daran gemacht, bestimmte Regionen von Einsteins Gehirn zu vermessen, seine Nervenzellen zu zählen und seine Struktur zu beschreiben. So sollen die Hirnhälften gut kommuniziert haben, weil der Balken besonders groß war; auch der präfrontale Cortex (der Bereich in der Stirn, der an Aufmerksamkeit und Konzentration beteiligt sein soll) scheint vergrößert gewesen zu sein.[28] Da kann man allerhand reininterpretieren, frei nach dem Motto „Big is beautiful" sollte alles, was größer ist, auch besser funktionieren. Mit vernünftiger Wissenschaft hat das wenig zu tun, viel Halbwissen für den nächsten Neuromythos schafft man so aber auf alle Fälle.

Das Problem ist nämlich: Man betrachtet *ein einziges* Gehirn von *einem* (unzweifelhaften) Genie. Man hat keine genügend große Vergleichsgruppe (also noch weitere 20 Einsteins und ihre Gehirne), die man zur statistischen Absicherung verwenden könnte. Könnte ja sein, dass das alles individuelle Veränderungen eines alten Mannes sind, die rein gar nichts mit seinem Genius zu tun haben. 60 Jahre nach seinem Tod auf Fotos von einem jahrzehntelang in Formalin eingelegten Gehirn etwas abzulesen, lässt sich vielleicht gut verkaufen, richtige Wissenschaft ist aber etwas anderes.

Gehen wir einen Schritt weg von den Einzelfällen. Sie sind zwar ganz praktisch, um zu illustrieren, dass es mit einem eindeutigen Hirngröße-Intelligenz-Verhältnis nicht so weit her ist – doch fairerweise muss ich anmerken, dass es durchaus statistische Zusammenhänge zwischen Intelligenz und Hirngröße gibt. So nimmt die Intelligenz tendenziell zu, wenn auch die gesamte Hirngröße zunimmt.[29] Besonders trifft das zu, wenn man die Areale untersucht, von denen man sowieso vermutet, dass sie für aufmerksames Handeln wichtig sind, wie eben der präfrontale Cortex.[30]

Statistisch gibt es also wohl eine Tendenz, dass etwas größere Hirnbereiche auch etwas besser funktionieren, doch die Ursache dafür ist unklar. Was war zuerst da: die etwas größere Hirnstruktur, die eine Aufgabe ein wenig intelligenter lösen konnte – oder die besonders intelligent gelöste Aufgabe, die das Hirn stimulierte und wachsen ließ?

Die Becken-Grenze

Vielleicht haben Sie gerade eines dieser neumodischen Smartphones neben sich liegen. Diese Dinger können allerhand: telefonieren, E-Mails checken, im Internet surfen, Furz-Töne abspielen und vieles Nützliche mehr. Ein Smartphone ist sehr klein und doch deutlich leistungsfähiger als frühere Großrechner: Die NASA kontrollierte die Flugbewegungen ihrer Apollo-Missionen mithilfe von Großcomputern mit etwa 1 MHz Rechengeschwindigkeit, das war tausend Mal langsamer, als ein heutiges Handy arbeitet.

Man sieht, dass es mehrere Wege gibt, die Rechenleistung zu erhöhen: Man kann einfach alles vergrößern – oder das System mit neuen Technologien effizienter gestalten. Die kann man in der Evolution des menschlichen Gehirns nur selten so schnell auf den Markt werfen wie das nächste iPhone. Das dauert in der Regel ein paar Tausend Jahre. Dennoch war es notwendig, die Struktur des Gehirns zu optimieren, denn es gibt eine natürliche Obergrenze für die Hirngröße: das weibliche Becken.

Alle Gehirne müssen irgendwann durch den Geburtskanal hindurch. Um die Größe und damit die Rechenleistung des Gehirns zu erhöhen, gab es zwei Möglichkeiten: Entweder das weibliche Becken wird massiv verbreitert (sagen wir mal auf 2 Meter) – oder das Gehirn wählt einen Umweg und strukturiert sich cleverer. Glücklicherweise, vor allem für die Damen unter uns, hat es das auch getan. Das ist der Grund dafür, dass es so seltsam gefaltet und gefurcht ist. Entscheidend ist nämlich nicht die Hirnmasse an sich, sondern, wie sie sich verteilt. Nervenzellen brauchen Zugang zu Nährstoffen, also zu Blutgefäßen, deswegen müssen diese an der Oberfläche liegen. Die Nervenfasern werden hingegen tief in die Hirnschichten hineingeschickt, denn sie sind nicht so abhängig von einer ständigen Nährstoffzufuhr.

Das Problem kennen Sie, wenn Sie schon mal auf einem Jahrmarkt in einer dichten Menschenmenge standen: Irgendwann bekommen Sie Lust auf eine fettige Bratwurst und müssen sich durch die Menge hindurch auf den Weg zur Wurst-Bude machen. Nervenzellen können jedoch nicht so leicht ihren Platz verlassen, deswegen liegen sie alle an der Oberfläche des Hirngewebes und kommen sofort an den frischen Zucker aus dem Blut. Als wären bei einem Jahrmarkt alle Fressstände in einer Linie aufgereiht und die Menschen stünden in einer Reihe direkt davor.

Wissenschaftlich ausgedrückt wird hier die Oberfläche vergrößert. Und das geht am besten, wenn sich das Hirngewebe faltet. Die tiefen Furchungen nennt man Sulci (lat. für Furchen), die Windungen Gyri (griech. für Drehungen, deswegen heißt das köstliche Fleisch vom Drehspieß auch Gyros). Mit diesem Trick kann das Großhirn seine Oberfläche auf 2500 cm² vergrößern, obwohl es selbst nur so groß ist wie eine Kokosnuss (mit einer Oberfläche von etwa 500 cm²). Und je größer die Oberfläche, desto mehr Nervenzellen kann man auch reinpacken. Denn natürlich gibt es in der Evolution den Druck, möglichst viele Nervenzellen im Gehirn unterzubringen. Logisch, mehr Zellen können auch mehr rechnen. Nur übertreiben darf man es mit der Anzahl der Nervenzellen nicht. Denn irgendwann entsteht ein neues Problem.

Je größer ein Gehirn, desto besser

Gehirn-Autobahnen

Als ich neulich in Los Angeles war, war ich doch etwas überrascht: Die Großraum LA hat die Ausmaße von Baden-Württemberg – und noch nicht mal eine gescheite S-Bahn. Wenn man von einem Ende der Stadt ans andere will, kann das einen ganzen Tag dauern, selbst mit einem amerikanischen Pick-up nervt das ziemlich bei den vielen Staus.

Hier sieht man ein Problem, das auch das Gehirn hat, wenn es zu groß wird: Es gehen viel Zeit und Energie drauf, wenn Informationen zwischen weit entfernten Bereichen ausgetauscht werden. Entscheidend für die Funktion eines hoch entwickelten Gehirns sind aber gerade die Geschwindigkeit und das Ausmaß der Verknüpfung.

Genau das ist ein Grund dafür, dass sich das Gehirn ein paar Module angeschafft hat, um schnell konkrete Aufgaben zu berechnen. Im vorherigen Kapitel sahen wir, wie praktisch es sein kann, bestimmte „Rechenzentren" in einer Hirnhälfte zu halten, um ein ausgedehntes Herumrechnen im Gehirn zu begrenzen (kostet ja auch immer Energie, Informationen von einer Seite des Gehirns zur anderen zu schicken). Es stellt sich also ein Gleichgewicht zwischen Hirnausdehnung und „Kompakthalten" ein. Denn viele Nervenzellen in einem großen Gehirn sind gut und schön, doch müssen sie auch effizient miteinander verknüpft werden. Bessere Verknüpfung ist in einem kompakten Gehirn deutlich einfacher, deswegen wirken diese beiden Tendenzen (großes Hirn mit vielen Neuronen vs. kompaktes Gehirn mit engem Nervennetzwerk) gegeneinander – ein Optimum entsteht.

Deswegen ist die aktuelle Hirnforschung auch gar nicht daran interessiert, Hirne von Genies zu wiegen und Zellen zu zählen. Letztendlich ist es nämlich viel wichtiger, *wie* diese Zellen miteinander verbunden sind. Moderne Verfahren ermöglichen es dabei, die Hauptnervenfasern im Gehirn sichtbar zu machen und zu erkennen, wie die Infrastruktur des Gehirns aussieht. Das ist in etwa so, als würden Sie auf eine Straßenkarte (ohne Städte) schauen: Schon alleine aus dem Muster der Verbindungen können Sie ableiten, welche Regionen gut miteinander verbunden und daher wohl besonders wichtig sind. Eine zentrale Metropole (sagen wir Frankfurt) hat ein engmaschiges Straßennetz. So ähnlich, wie auch ein „Hirnmodul" (zum Beispiel ein Teil der Sehrinde) gut in sich verknüpft ist. Dass Frankfurt jedoch auch ein wichtiger überregionaler Knotenpunkt ist, erkennt man daran, dass viele Straßen in alle Himmelsrichtungen zu anderen Städten ausstrahlen. Genauso gibt es im Gehirn Knotenpunkte, an denen Nervenverbindungen neu verschaltet werden.

Interessant wird es nun, wenn man dieses Verbindungsmuster der Nervenfasern untersucht, denn es stellt sich heraus, dass intelligente Menschen (also Menschen, die in Intelligenztests besser abschneiden) auch ein ausgedehnteres Verknüpfungsmuster im Gehirn haben.[31] Mit anderen Worten: Ihre Datenautobahnen sind nicht nur besonders groß und effizient, sondern verknüpfen auch noch die richtigen Zentren. Es kommt also nicht nur auf die Größe und die Menge an, sondern auch noch auf das „Wer mit wem?" – wie immer im Leben.

Die „kleine Welt" im Hirn

Von dem ursprünglichen Mythos „großes Gehirn = große Rechenleistung" bleibt somit immer weniger übrig. Viele Menschen denken auch, das Gehirn sei vollgestopft mit unglaublich vielen Nervenzellen, und wenn man noch ein paar mehr davon hineinpresste, würde auch die Rechenleistung ansteigen.

Das ist natürlich großer Quatsch, denn das Gehirn hat eine wunderbare (und eigentlich sehr einfache) Architektur, die jedoch unbedingt eingehalten werden muss. Nervenzellen liegen nämlich nicht einfach so im Hirngewebe rum. In der für intelligentes Denken so wichtigen Großhirnrinde sind sie immer

Je größer ein Gehirn, desto besser

dicht in sechs Schichten direkt unter der Oberfläche gepackt. So kommen sie schnell an die Nährstoffe aus dem Blut und sich gegenseitig nicht ins Gehege. Außerdem finden sich benachbarte Nervenzellen in diesen Schichten in kleinen Grüppchen zusammen – den sogenannten Säulen, weil diese Grüppchen genau wie kleine Säulen nebeneinander liegen. Innerhalb dieser Säulen kommunizieren die Nervenzellen besonders gut, so können sie schnell kleine Rechenoperationen durchführen. Und wenn sich dann die Säulen auch noch miteinander verbinden, entsteht ein wirklich effizientes Netzwerk.

Diese Anordnung hat einen gewaltigen Vorteil: Sie macht es unnötig, dass das Gehirn immer weiter wächst, damit die Rechenfähigkeit steigt. Es kann schlank, schnell und gut verknüpft rechnen und sich so den Aufwand für eine Vergrößerung der Hirnmasse sparen.

Zurück zu unserem Straßenvergleich: Es kommt nicht nur darauf an, die Landschaft mit möglichst vielen Straßen vollzupflastern und zu hoffen, dass sich der Verkehr dann anpasst. Bringt ja nichts, im Gegenteil: Viele Kreuzungen brauchen irgendwann Ampeln oder Kreisverkehre und bremsen den Fluss. Manchmal weiß man auch gar nicht, welche Strecke jetzt unbedingt schneller ist, wenn viele Wege zum Ziel führen und gleich um die nächste Ecke der nächste Stau lauern könnte. Verwirrung pur, wir brauchen Hilfe und kaufen Navis.

Deswegen sollte man die Metropolen zunächst selbst gut versorgen. Anschließend kann man abschätzen, welche Fernstrecken erweitert werden müssen und welche man sich sparen kann. Ist es also sinnvoller, eine Schnellstraße zwischen Frankfurt und Köln auszubauen – oder zwischen Frankfurt und Bad Salzschlirf am Vogelsberg?

Wenn man das Verkehrsnetz clever entwirft, spart das später eine Menge Ärger – und Spritkosten. Je effizienter die Verbindungen zwischen den wichtigsten Knoten, desto schneller und unkomplizierter kommt man auch dorthin. Man spart sich Umwege und lästiges Abbiegen. Ein intelligentes Gehirn funktioniert genauso energiesparend. Obwohl es paradox erscheint, setzen Gehirne von intelligenten Menschen beim Lösen einer komplizierten Aufgabe oft weniger Energie um als weniger intelligente.[32] Denn ihre Infrastruktur ist besonders leistungsfähig, Informationen nehmen die direkte und kürzeste Route und werden auf diese Weise schnell von unterschiedlichen Nervenzellen verarbeitet.

Natürlich ist das Gehirn deutlich besser mit sich selbst verknüpft, als es das deutsche Straßenbauwesen je hinbekommen würde. Im Idealfall entsteht auf diese Weise ein selbstorganisiertes System, das beides hat: besten Nah- und superschnellen Fernverkehr. Die Wissenschaft nennt dieses Prinzip das „Kleine-Welt-Netzwerk", und genau so stellt man sich momentan die Architektur des Nervensystems vor: Da gibt es örtliche Cluster, Ansammlungen von Nervenzellen, die eng zusammenarbeiten (eben jene Säulen) und lokale Zentren bilden (zum Beispiel einen Teil des Sehzentrums). Die Abstände zwischen diesen Knoten werden gering gehalten. Das führt dazu, dass die Knoten allesamt durch nur wenige Zwischenschritte miteinander verbunden sind, obwohl von einem Knoten nur wenige Verbindungen ausgehen. So ähnlich wie bei dem vom amerikanischen Psychologen Stanley Milgram in den 60er Jahren geprägten Kleine-Welt-Phänomen, das auf der Annahme fußt, dass alle Menschen auf der Welt über 6 Zwischenstufen miteinander in Kontakt stehen.

Vorteil: wenig Aufwand, hoher Ertrag. Hohe Rechenleistung wäre in diesem Modell davon abhängig, wie flüssig die Information im Netzwerk weitergeleitet und ausgetauscht werden kann (und nicht wie groß das Netzwerk insgesamt ist). Innerhalb weniger Zwischenschritte kann nahezu das gesamte Gehirn aktiviert werden – aber nicht irgendwie, sondern nur genau die Regionen, die für die konkrete Aufgabe benötigt werden.

Weniger ist mehr

Bis zu einem gewissen Punkt lohnt es sich in der Evolution, in Hirnmasse und Neuronenanzahl zu investieren. Doch irgendwann ist ein Optimum erreicht und die Rechenleistung hängt nur mehr davon ab, wie gut die Vernetzung ist.

Ein Spitzen-Hirn ist eben nicht einfach nur groß und randvoll mit Nervenzellen, sondern fein säuberlich sortiert und clever verknüpft. Es vergrößert seine Oberfläche, nicht sein Volumen. Es bildet kleine Rechenzentren aus, die über nur wenige Zwischenschritte mit anderen Zentren kommunizieren. Die Gesamtaktivierung, die anschließend daraus entsteht, ermöglicht uns ausgeprägtes kognitives Denken (Intelligenz oder Kreativität).

Zeit also, sich von „Big is beautiful" zu verabschieden. Das trifft nicht nur auf das Hirnvolumen an sich zu, sondern auch auf die Anzahl der Nervenzellen. Im nächsten Kapitel steht, warum.

Mythos n° 6

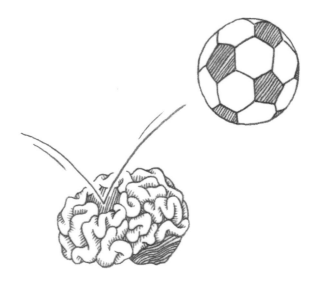

Hirnzellen gehen durch
Vollrausch und Kopfbälle
unwiederbringlich verloren

Selbst nach nur fünf Kapiteln dürften Sie bemerkt haben: Das Gehirn ist wirklich eine tolle Sache. Ständig baut es sich um, passt seine Verknüpfungen an, verarbeitet Informationen und bastelt so lange an seinem Netzwerk, bis die Informationen nicht nur schnell, sondern auch richtig verarbeitet werden können. Das Gehirn, so könnte man meinen, wächst und gedeiht fröhlich vor sich hin, ist ständig up to date: mit frischen Hirnzellen und neuen Verbindungen.

Und dann hört man das: Nervenzellen sollen andauernd absterben und unwiederbringlich verloren gehen. Als wäre das Gehirn ein Organ des Niedergangs, als steuere es von Beginn an auf den Verfall zu. Neuronen, einmal weg, kämen nie wieder zurück. Bis irgendwann im Alter das ganze Gehirn bloß noch eine Nervenruine ist.

Horrorszenarien werden aufgebaut. Wo überall der nächste Neuronentod lauern soll! Ein Kopfball – 1000 Nervenzellen futsch. Zwei Maß Bier – 2000 Zellen kaputt. Eine Nacht durchgemacht – 5000 Neuronen zerstört. Das ganze Leben, ein Neuronensterben. Wenn wir das bloß vermeiden könnten …

Doch ist unser Gehirn wirklich ein Todes-Gewebe, das kurz nach der Geburt in voller Blüte erstrahlt und dann dahinsiecht? Sterben die Nervenzellen wirklich ab und werden nie ersetzt? Und wie viele Kopfbälle sind eigentlich gesund pro Tag?

Mythos n° 6

Nervenzell-Geburtstag

Fangen wir bei den Neuronen an. Wie muss man sich ein erfülltes Nervenzell-Leben vorstellen? Wie jede Zelle feiert auch die Nervenzelle irgendwann Geburtstag. Doch das will gut vorbereitet und überlegt sein, schließlich entstehen Neuronen nicht „einfach so". Sie gehen aus Stammzellen hervor, und die sitzen in einem embryonalen Gewebe, das man *Ektoderm* nennt, die *äußere Haut*. Wie man bei diesem kreativen Namen vermuten kann, entstehen aus diesen Stammzellen später tatsächlich Hautzellen, aber auch unsere Zähne und unser Nervensystem. Unser Gehirn ist also eigentlich nichts weiter als ein hochspezialisiertes Hautgewebe.

Ein Gehirn baut sich nicht über Nacht auf. Deswegen fängt so ein Embryo schon früh damit an. Schon etwa drei Wochen nach der Befruchtung bilden die Stammzellen im Ektoderm eine röhrenförmige Einstülpung, das Neuralrohr. Aus diesem Neuralrohr entsteht das gesamte Nervensystem: Gehirn, Rückenmark, sämtliche Nervenzellen und ihre Fasern.

Nun sind Nervenzellen nicht irgendwelche Zellen. Sie gleichen wertvollen Immobilien. Denn während es zum Beispiel bei Blutzellen eigentlich keine große Rolle spielt, wo genau sie sich befinden (solange es in der Blutbahn ist), müssen Nervenzellen unbedingt an einem ganz bestimmten Ort sitzen, und dort bleiben sie ein Leben lang. Wie bei allen Immobilien, sind auch hier drei Dinge besonders wichtig: die Lage, die Lage und die Lage. Es geht also darum, die Nervenzellen richtig zu positionieren, damit sie anschließend die erwähnte 6-Schichten-Säulen-Struktur im Großhirn ausbilden können (siehe Mythos n° 5 zur Hirngröße).

Manche Menschen glauben ja, dass es für ihr Schicksal eine große Rolle spielt, wann sie geboren wurden. Ich bin zum Beispiel Schütze und glaube nicht an so etwas, denn Schützen sind von Natur aus skeptisch. Bei Nervenzellen trifft das hingegen voll ins Schwarze: Entscheidend für ihr späteres Leben (also dafür, wo sie im Gehirn sitzen und was sie tun werden), ist ihr Geburtstag. Alle Nervenzellen, die *am selben Tag* von den Stammzellen im Neuralrohr gebildet werden, teilen daher dasselbe Schicksal und werden sich später an der gleichen Stelle im ausgebildeten Gehirn wiederfinden. Eine neugeborene Nervenzelle hält es nämlich nicht lange an Ort und Stelle: Wie ein frühreifer Teenager reißt sie aus und läuft an den Rand, die Oberfläche des Gewebes und macht es sich dort gemütlich. Spätere Neuronen zwängen sich durch diese früheren Neuronen hindurch und bilden eine nächste Schicht weiter außen. Auf diese Weise entsteht die 6-Schichten-Struktur, aus der sich unsere Großhirnrinde zusammensetzt: von innen nach außen.

Und das war's dann. In ihrer endgültigen Position bleiben die Nervenzellen ein Leben lang hocken. Natürlich bilden sie ihre Ausläufer und verknüpfen sich mit anderen Nervenzellen, aber Vermehrung gibt es bei Neuronen nicht. Der Fachmann sagt: Sie sind *post-mitotisch*, haben also die Phase der Teilung (der Mitose) hinter sich gelassen und beschäftigen sich nun mit wichtigeren Dingen als der Fortpflanzung: Informationsverarbeitung zum Beispiel. Sie sind die Computer-Nerds unter den Zellen, genauso keusch wie strebsam.

Es stimmt daher: Das Neuron hat nur ein Ziel – den Tod. Keine guten Aussichten, könnte man meinen.

Kinderstube im Gehirn

Nervenzellen in der Großhirnrinde gehen also unwiederbringlich verloren. Wir kommen mit nahezu allen Neuronen auf die Welt, von da an geht es nur noch bergab. Das Gehirn stirbt vor sich hin.

Das ganze Gehirn? Nein, denn zwei kleine Regionen hören nicht auf, dem Verfall Widerstand zu leisten. Von der einen haben wir schon gehört: dem Hippocampus, der tief verborgen unter der Großhirnrinde dafür sorgt, dass wir neue Informationen verarbeiten und unser Gedächtnis organisieren können.

Die andere Region trägt einen etwas sperrigeren Namen, es ist die sub-ventrikuläre Zone (SVZ). Der Name bedeutet so viel wie „Unter-der-Kammer-Zone", denn sie liegt direkt unterhalb eines flüssigkeitsgefüllten Hohlraums (dem Ventrikel) im Gehirn. Entlang dieses Ventrikels wandern die neu gebildeten Nervenzellen in den vorderen Bereich des Hirns und orientieren sich dabei an einer Nervenbahn, die kaum zu verfehlen ist: dem Riechkolben. Schließlich enden sie im Nasenbereich, wo sie die Nervenzellen beim Erkennen von Gerüchen unterstützen.

Das scheint auch einen guten Grund zu haben, denn Gerüche gibt es ja unübersichtlich viele (nach neuesten Untersuchungen sogar mehr als eine Billion[33]). Alle anderen Sinne sind da irgendwie beschränkt: Wir können nicht „unendlich" viele Farben erkennen, sondern nur knapp 8 Millionen, die wissenschaftlichen Angaben schwanken da etwas (ob sich da ein Bildschirm mit 16,7 Millionen Farben überhaupt lohnt, ist eine andere Frage). Wir hören noch nicht mal 500 000 verschiedene Töne und können nur fünf Geschmacksrichtungen auseinanderhalten. Gerüche gibt es jedoch in schier endloser Zahl. Jedes Gemisch organischer Moleküle ist ein potenzieller Geruch, und um das zu unterscheiden, braucht man viele unterschiedliche Sinneszellen und eine clevere Verschaltung im Gehirn. Möglicherweise helfen neu gebildete Nervenzellen dabei, unsere Geruchsempfindung immer weiter aufzurüsten.[34]

Im Falle des Hippocampus liegt die Sache etwas anders. Klar, offenbar sind die neu gebildeten Zellen auch hier für eine bessere Informationsverarbeitung und für Vorgänge wie „Lernen" nötig, doch wie diese Unterstützung mithilfe neuer Nervenzellen geht, hat noch keiner wirklich verstanden.[35] Auch wenn diese Region mit der Ausbildung unseres Gedächtnisses zu tun hat: Machen Sie ja nicht den Fehler und denken Sie, dass Lernen direkt mit der Bildung neuer Nervenzellen zusammenhängt. Nach dem Motto „Eine neue Information – eine neue Nervenzelle". Stimmt nämlich nicht. Die Mechanismen des

Hirnzellen gehen durch Vollrausch und Kopfbälle
unwiederbringlich verloren

Lernens sind im Gegenteil viel eleganter. Freuen Sie sich an dieser Stelle schon auf die Kapitel „Hirnjogging macht schlau" und „Wir lernen in Lerntypen", in wenigen Seiten ist es so weit.

Prost Neuron!

Es gibt also Regionen im Gehirn, in denen auch bei Erwachsenen neue Nervenzellen gebildet werden. In sogenannten Stammzell-Nischen sitzen dort Vorläuferzellen und bilden neue Neuronen. Doch das Ausmaß dieser Neubildung ist begrenzt: Man schätzt es auf etwas mehr als 1000 Nervenzellen im Hippocampus pro Tag. Das ist nicht gerade viel, wenn man bedenkt, dass es dort knapp 30 Millionen von ihnen gibt. In der Großhirnrinde, die immerhin die Hälfte des Hirnvolumens ausmacht, werden (nach derzeitigem Wissensstand, so viel Bescheidenheit muss sein) keine neuen Nervenzellen gebildet. Sie sterben nur ab.

Alles halb so wild! Denn selbst wenn Studien zeigen, dass wir täglich etwa 85 000 Nervenzellen in der Großhirnrinde verlieren,[36] heißt das noch nicht, dass unser Leben einer einzigen Verblödung gleichkäme. Angesichts der Milliarden von Nervenzellen in unserem Hirn verlieren wir nur einen Bruchteil unserer Zellen. Der aufmerksame Leser des vorigen Kapitels wird auch wissen, dass es sowieso weniger auf die Anzahl der Zellen ankommt als darauf, *wie* sie miteinander verknüpft sind. Die Zahl der Zellen zu messen, können Sie also Leuten mit Minderwertigkeitskomplexen überlassen.

Vergessen Sie auch das Zählen von absterbenden Nervenzellen, wenn Sie Alkohol trinken. Keine seriöse wissenschaftliche Untersuchung kann exakt sagen, wie viele Zellen Sie verlieren, wenn Sie eine Nacht durchzechen. Der Kopfschmerz am nächsten Morgen kommt übrigens nicht davon, dass Sie Hirnzellen durch den Alkohol gekillt haben, sondern vom Mangel an Elektrolyten, weil der Stoffwechsel gestört wurde. Deswegen ist es sinnvoll, viel zu trinken und Salziges zu essen, um sich vom Kater zu erholen.

Allerdings (und das kommt wohl kaum überraschend): Alkohol ist der Funktion des Hirns nicht gerade zuträglich. Als kleines fettlösliches Molekül dringt er ungehindert ins Gehirn ein und verändert dort die Biochemie der Nervenzellen. Ein Glas Wein steht außer Verdacht, sofort ein massenhaftes Neuronensterben auszulösen, doch durch langfristige Untersuchungen des Nervengewebes weiß man, dass exzessiver Alkoholkonsum auf Dauer die Hirnstrukturen schädigt. Nervenzellen sterben nicht nur schneller ab (vor allem in den Regionen, die unsere bewusste Aufmerksamkeit kontrollieren[37]), sondern auch die Neubildung von Neuronen im Hippocampus wird gestört.[38] So kann nach mehrjährigem intensivem Alkoholkonsum die Fähigkeit zur bewussten Kontrolle und Erinnerungsbildung im nüchternen Zustand beeinträchtigt sein.

Doch wieder ist es ein Mythos, dass unkontrolliertes Herumtorkeln, Kontrollverlust, sinnloses Herumgrölen von Andrea-Berg-Liedern und der anschließende Filmriss (in diesem Fall vielleicht gar nicht so schlecht) durch ein Absterben von Nervenzellen zustande kommen. Alkohol greift in Wahrheit sehr schnell und direkt in den Stoffwechsel ein und verändert die Freisetzung von Botenstoffen im Gehirn. Solche Vorgänge sind meist vorübergehend. Gefährlich für das Leben der Neuronen wird es erst, wenn der Alkoholkonsum intensiv über längere Zeit erfolgt. Dann stimmt es tatsächlich: Alkohol tötet Gehirnzellen – und das ist keine gute Sache.

Neuronen – einfach weggeköpft?

Fragen Sie sich auch manchmal, ob konfuse Aussagen von Fußballern nach dem Spiel vielleicht daher kommen, dass sie in den vergangenen 90 Minuten zu häufig geköpft und sich damit ihre Hirnzellen weggeballert haben? Eine nachvollziehbar klingende Erklärung ist das allemal. Oder liegt es nicht doch eher

Hirnzellen gehen durch Vollrausch und Kopfbälle unwiederbringlich verloren

am Intellekt (und daran, dass der Fußballer an sich nach einem harten Wettkampf auch etwas erschöpft ist)?

Wissenschaftler wollen ja immer alles messen, also gibt es natürlich auch Untersuchungen, wie sich das Kopfballverhalten von Fußballern auf die Hirnstrukturen auswirkt. Und siehe da: Köpft man mindestens 885 Mal pro Jahr für mehr als 20 Jahre, verschlechtert sich die Vernetzung im seitlichen und rückseitigen Großhirnbereich. Ganz schlimm wird es ab 1800 Kopfbällen pro Jahr, dann sinkt zusätzlich die Erinnerungsfähigkeit signifikant.[39] Also doch! Fußball macht dumm.

Doch immer langsam mit den jungen Pferden. Man muss unterscheiden, ob langfristige Effekte oder akute Schäden untersucht werden. Ein Kopfball macht noch keinen Deppen, und wenn ich nach einem schweren Wettkampf einem windigen Reporter krude Fragen beantworten müsste, würde mir das sicher auch nicht leicht fallen, selbst wenn ich keinen einzigen Ball geköpft hätte. Und um alle Freizeitkicker zu beruhigen: Die festgestellten Effekte scheinen zudem reversibel zu sein. Jedenfalls gibt es keinen Unterschied in der Hirnleistung zwischen Ex-Profis und Nicht-Fußballern[40] – die Pflege der Hirnfunktionen ist also keine gute Ausrede für Unsportlichkeit, muss ich die Couchpotatoes unter Ihnen enttäuschen. Im Gegenteil: Im Tiermodell erholen sich Ratten beispielsweise von einem alkoholbasierten Kampftrinken schneller und bilden im Hippocampus neue Nervenzellen, wenn sie Sport treiben.[41] Ein bisschen reicht bereits. Das gilt für Nagetiere wie für Menschen.

Leben und sterben lassen

Einige Gehirnerkrankungen, gerade im Alter, kommen hingegen durch ein unkontrolliertes Nervenzellensterben zustande. Bei Parkinson reicht etwa das Ableben einiger 100 000 Neuronen, um eine Schüttellähmung zu entwickeln. Bereits der Tod weniger Nervenzellen kann also schwerwiegende Auswirkungen haben. Es kommt auch auf den Ort des Todes an, in wichtigen Schaltzentralen wirkt sich ein Ausfall dramatisch aus (Ecstasy zerstört zum Beispiel auf Dauer Neuronen in den sogenannten Raphe-Kernen, die kommen nicht wieder, schwere Depressionen sind die Folge). Wäre es da nicht besser, das Gehirn hätte, wie so ziemlich jedes andere Organ im Körper, einen Jungbrunnen, viele Stammzellen, die permanent neues Zellmaterial erzeugen?

Jetzt wird's komisch: Dass Nervenzellen absterben und nicht permanent ersetzt werden, ist unverzichtbar, damit das Gehirn prinzipiell funktioniert! Denn das Allerwichtigste im Gehirn überhaupt ist seine Struktur, die Architektur seiner Vernetzung. In dieser Vernetzung sind alle Informationen gespeichert, unsere Erinnerungen und Gedanken, genauso wie die Fähigkeit, Sinneswahrnehmungen zu verarbeiten oder Bewegungsimpulse zu erzeugen. Dieses Muster der Verknüpfungen muss stabil gehalten werden, denn es ist der kostbare Schatz unseres Denkorgans.

Interessanterweise bilden sich die Feinheiten dieser Architektur ohne konkreten Bauplan aus: Sie passen sich im Laufe des Lebens an. Natürlich, die grobe Struktur eines Hippocampus oder des Kleinhirns ist festgelegt, doch entscheidend sind die individuellen Verknüpfungen der Nervenzellen – und diese sind flexibel und dynamisch.

Was würde nun passieren, wenn sich das Gehirn alle paar Monate oder Jahre komplett erneuern würde? Ohne Bauplan wüssten die neuen Zellen nicht, welche der Verknüpfungen, die sich mühsam in all den Jahren entwickelt und bewährt haben, sie ausbilden müssten. Das ist in etwa so, als würde man ganze Areale einer Großstadt abreißen und anschließend neu aufbauen wollen, ohne Anleitung, einfach so, wie es gerade zu passen scheint. Ein Flickwerk aus Baustellen würde entstehen. Wer das mal live in Aktion erleben will, kann gerne nach Karlsruhe fahren.

Dass die Architektur des Nervenzell-Netzwerks bestimmt,

Hirnzellen gehen durch Vollrausch und Kopfbälle unwiederbringlich verloren

wie das Gehirn funktioniert, hat einen Riesenvorteil: Es ist robust. Denn es verlässt sich nicht auf die Funktion von einigen wichtigen Nervenzellen (die es natürlich zweifelsfrei gibt, man denke nur an die Bewegungs-Kontroll-Neuronen, die bei Parkinson absterben), sondern auf die Power eines ganzen Netzwerks. Das Internet ist ja auch nicht so einfach abzuschalten. Wenn ein wichtiger Server ausfällt, werden die Informationen eben über den nächsten weitergeleitet.

Es geht nicht darum, möglichst viele Nervenzellen zu behalten, sondern nur die wichtigen – und die sind sehr strapazierfähig und halten lange durch. Das Gehirn mistet permanent die Zellen aus, die nicht mehr gebraucht werden, und das ist wichtig, damit das System immer effizienter wird.

Neu ist nicht immer besser: Die meisten Ihrer Nervenzellen sind schon so alt, wie Sie es sind, und funktionieren noch prima, immerhin haben Sie soeben schon das sechste Kapitel dieses Buches geschafft (und hoffentlich wieder was gelernt).

Mythos n° 7

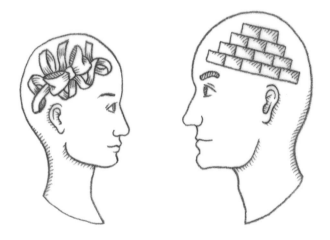

Weibliche und männliche
Gehirne denken verschieden

Die bisherigen Neuromythen waren ja mehr oder weniger harmlos. Rechte oder linke Gehirnhälfte, absterbende Nervenzellen, Reptiliengehirne – alles interessant, aber zum richtigen Aufreger-Thema besser geeignet ist natürlich: das Geschlecht. Eine Frage so alt wie die Menschheit: Denken Frauen anders als Männer? Gibt es im Gehirn gar anatomische Unterschiede? Und wer hat überhaupt das „bessere" Gehirn? Ich gebe zu: ein heikles Thema. Wie schnell gerät man da zwischen die Fronten. Nirgendwo sonst werden wissenschaftliche Untersuchungen derart leichtfertig zur Vorurteilspflege missbraucht, denn Geschlechterklischees bekommen mit der Aura der Hirnforschung eine geradezu nicht-widerlegbare Kraft: Frauen, die Sprachbegabten, können sich besser in andere einfühlen, weil ihre Gehirnhälften besser vernetzt sind.[42] Männer, die Sprachmuffel, sind jedoch besser im räumlichen Denken oder in Mathematik. „Hirnforschung: Das Frauengehirn tickt wirklich anders", titelt Ende 2013 *Die Welt*[43] und der *Spiegel* pflichtet bei: „Männer und Frauen sind anders verdrahtet".[44]

Der Mythos vom weiblichen oder männlichen Gehirn ist *das* Paradebeispiel für die Entwicklung eines Neuromythos. Hier kommt alles zusammen, was man für eine zünftige Hirnlegende braucht: wissenschaftliche Untersuchungen, die Unterschiede in den Gehirnen von Frauen und Männern zeigen, ein Thema, bei dem jeder mitreden will, viel Halbwissen und Klischees – und (nicht zu vergessen) die prima Möglichkeit, diesen Mischmasch aus Wissenschaft, Vorurteilen und persönlicher

Meinung auch gut verkaufen zu können (als Zeitschrift oder sogar als Fernsehsendung). Manche Autoren meinen auch, unbedingt ihr Buch mit Kapiteln über männliche und weibliche Gehirne schmücken zu müssen – schrecklich, wenn wirklich alle auf diesen Zug aufspringen wollen.

Deswegen nehme ich jetzt all meinen Mut zusammen. Ich bin mir bewusst, dass eine unbedachte Äußerung von mir auf den nächsten Seiten jederzeit gegen mich verwendet und zur Verfestigung von Geschlechter-Gehirn-Mythen missbraucht werden kann. In aller gebotenen Vorsicht werde ich mich diesem Thema daher so delikat und behutsam nähern, wie nur irgend möglich – mit neurobiologischen Samthandschuhen gewissermaßen.

Anatomie des Unterschieds

Weibliche und männliche Gehirne sind verschieden! Das ist eine neurobiologische Tatsache. Punkt. Political Correctness hin oder her, wie auch immer die Erziehung von Mädchen und Jungs auf die Entwicklung der Gehirne gepriesen wird: Die Natur hat immer Recht, und die Differenzen zwischen Frauen- und Männer-Gehirnen sind messbar. Eine kleine Auswahl an anatomischen Unterschieden gefällig?

Frauen haben einen größeren Hippocampus, Männer eine größere Amygdala.[45] Männer haben größere Gehirne (wie vor zwei Kapiteln berichtet), dafür ist die Hirnrinde bei Frauen dicker[46] und stärker gefurcht als bei Männern.[47] Auch die Vernetzung unterscheidet sich: In Großhirnen von Frauen sind die Hirnhälften besser miteinander (das heißt mit mehr Fasern) verknüpft, Männer-Großhirne bilden hingegen eher Netzwerk-Cluster innerhalb einer Hirnhälfte aus – im Kleinhirn ist es jedoch genau andersrum, dort sind bei Männern die beiden Hälften besser miteinander verbunden.[48]

Das ist schon mal ordentlich Wasser auf die Mühlen derjenigen, die Argumente für ein stereotypes Rollenverständnis benötigen. Doch es kommt noch besser! Denn der Hauptverursacher für diese Unterschiede scheint schnell gefunden zu sein: Testosteron, das männliche Geschlechtshormon. Zu Beginn sind nämlich alle Gehirne weiblich, doch wenn zwischen der 8. und 24. Schwangerschaftswoche ein männlicher Fötus beginnt, Testosteron zu erzeugen, wird sein Gehirn männlich geformt. So voreingestellt verhalten sich Neugeborene, wie man es von ihnen erwartet: Selbst wenn sie erst ein Jahr alt sind, bevorzugen Jungs Autos und Mädchen Puppen als Spielzeug (die Farbe spielt übrigens keine Rolle).[49] Und das unabhängig von einer eventuellen menschlichen Erziehung, denn bei jungen (ein- bis fünfjährigen) Rhesusaffen ergibt sich ein ähnliches Bild: Er mag das, was rollt, sie spielt auch gerne mit Stoffpüppchen.[50]

Einmal in Gang gebracht, sind die Wege der Geschlechter klar: In Tests zeigen Frauen eine höhere „Sprachflüssigkeit" als Männer, finden also besonders viele Wörter mit dem gleichen Anfangsbuchstaben.[51] Und Männer schneiden bei Untersuchungen besser ab, die das räumliche Vorstellungsvermögen überprüfen (zum Beispiel dabei, ein Objekt vor dem geistigen Auge zu drehen).

Das sind eindeutige Beweise für eine klare Geschlechtertrennung im Gehirn, so könnte man meinen. Offenbar formt Testosteron schon vor der Geburt ein männliches Gehirn, da hat die Erziehung wohl wenig zu melden. Geschlechterunterschiede sind also schon fest in die „Hardware Gehirn" eingebaut. Ein großes Sehzentrum bei Männern für besseres räumliches Denken,[52] dafür bessere Verknüpfung der Hirnhälften bei Frauen – da wäre sie, die neurobiologische Grundlage dafür, dass Männer gut einparken und Frauen viel reden.

Genau so funktionieren die Neuro-Argumente derjenigen, die Geschlechterklischees mit wissenschaftlichen Studien warm halten wollen. Doch das ist Unsinn! Denn die Wirklichkeit ist viel spannender.

Mythos n° 7

Die Übertreibungsfalle

Das Problem bei den meisten dieser Untersuchungen ist, dass sie für plakative Erklärungen missbraucht und wunderbar ausgeschmückt werden können.[53] Hört sich ja auch eindrucksvoll an, wenn es heißt, dass „Frauengehirne besser verknüpft seien". Das macht es einem einfach, zu behaupten, dass Frauen „ganzheitlicher" denken, Männer jedoch im wahrsten Sinne des Wortes engstirniger. Die Sache ist nur: Wir haben keine Ahnung, was diese unterschiedlichen Anatomien tatsächlich bedeuten.

Es mag vielleicht stimmen, dass Gehirne von Männern zu einer verstärkten Bildung von lokalen Netzwerkgrüppchen neigen und bei Frauen die neuronalen Netzwerke weitläufiger sind. Doch bisher wurde das nur in einer einzigen Studie nachweisbar gezeigt (und der Unterschied trat erst bei Erwachsenen zutage). Und was daraus folgt, wissen wir nicht.

Es ist verführerisch und doch eine unzulässige biologische Vereinfachung, wenn man aus der bloßen Größe von Hirnstrukturen irgendetwas für die Funktion eines so komplexen Systems wie unseres Gehirns ableiten will. Die bisherigen Kapitel haben schon gezeigt: Größe allein ist nicht alles, und bestimmte Hirnregionen haben nicht nur eine, sondern gleich mehrere Aufgaben. Beispiel Amygdala, der Nervenkern im limbischen System, der an der Erzeugung von Gefühlen mitwirkt: Dieser ist bei Männern größer, doch das heißt nicht, dass Männer *automatisch* emotionaler wären als Frauen. Es kommt auch auf die interne Architektur der Amygdala an, deren Einbettung ins restliche limbische System, die Sensitivität der Nervenzellen für Botenstoffe etc.

Die Trainierbarkeit der Unterschiede

Ein schönes Beispiel dafür, wie Geschlechtsunterschiede übertrieben werden können, ist die Vorstellung vom besseren räumlichen Denken der Männer. Tatsächlich schneiden Männer bei sogenannten „mentalen Rotationstests" besser ab als Frauen – im Durchschnitt, denn es ist wichtig zu verstehen, dass solche Aussagen immer nur für eine Gruppe getroffen werden können. Doch diese durchschnittlichen Unterschiede sind üblicherweise gering und innerhalb der beiden Gruppen größer als zwischen den Gruppen. Mit anderen Worten: In der kognitiven Leistung können sich zwei Männer sehr leicht stärker unterscheiden als ein Mann und eine Frau.

Außerdem verschwinden die geschlechtertypischen Unterschiede, wenn man den Rotationstest lange genug (zwei bis drei Wochen) übt. Selbst wenn sich Männer in dieser Zeit genauso intensiv wie Frauen mit dem imaginären Drehen von Objekten befassen, holen Frauen den Rückstand auf und sind am Ende genauso gut wie Männer.[54] Hinzu kommt: Bei 15-Jährigen ist überhaupt kein Unterschied beim Drehen von dreidimensionalen Figuren feststellbar, lediglich bei zweidimensionalen Figuren schneiden Jungs besser ab (bis die Mädchen trainieren, dann sind sie genauso gut).[55]

Nun mag mancher sagen: „In einem sterilen Labor vor seinem geistigen Auge Würfel zu drehen, das hat mit der wirklichen Welt nicht viel zu tun" – und das Argument ist völlig korrekt. In Intelligenztests untersucht man oft nur Teilbereiche (räumlich, sprachlich, logisch, und so weiter), die man anschließend zu einem Gesamtwert zusammensetzt. Dabei stellt man fest, dass Männer statistisch gesehen nicht intelligenter sind als Frauen. Allerdings gibt es bei Männern mehr „Ausreißer" nach oben und unten. Man findet also mehr super-intelligente Männer, dafür auch mehr extrem doofe. Das hält sich die Waage und mittelt sich aus.

Mythos n° 7

Die Wochenmarkt-Orientierung

Was passiert jedoch, wenn man das Orientierungsvermögen in der wirklichen Welt und nicht in einem Labor testet? In einem interessanten Experiment wurde das Verhalten von Männern und Frauen auf einem Wochenmarkt untersucht (die Teilnehmer besuchten Wochenmärkte ähnlich oft). Unter dem Vorwand, die Stände zu begutachten, sollten sie über einen Markt laufen und sich so mit dem Marktgeschehen vertraut machen. Anschließend wurden sie jedoch gefragt, wo verschiede Gemüsesorten und Lebensmittel zu finden sind. Und siehe da: Die Frauen konnten sich besser an den Ort von Gurke & Co. erinnern als die Männer.[56] Interessant war auch etwas anderes: Sowohl Männer als auch Frauen erinnerten sich besser an den Ort kalorienreicher Lebensmittel. Honig und Olivenöl wurden anschließend besser lokalisiert als Pflaumen und Pfirsiche. Ein unfairer Vorteil für alle Fastfood-Läden, wie ich finde. Wehrt euch, Betreiber von Obstläden und Reformhäusern! Stellt ein paar Flaschen Olivenöl ins Schaufenster, dann seid ihr zumindest kalorienmäßig auf Augenhöhe und werdet hoffentlich nicht so schnell vergessen.

Natürlich fehlt das entsprechende Kontrollexperiment: Vielleicht wäre das Ergebnis ein anderes gewesen, hätte man die Teilnehmer nicht auf einen Gemüsemarkt, sondern in einen deutschen Baumarkt geschickt und sie anschließend nach dem Regal mit den Winkelschraubenaufsätzen gefragt. Scherz beiseite, der Punkt ist, dass es auf die Umgebung und die konkrete Situation ankommt, in der kognitive Fähigkeiten (wie räumliches Vorstellungsvermögen und Orientierungssinn) ausgespielt werden. Es mag viele Gründe geben, weshalb sich im obigen Experiment Frauen besser orientieren konnten (vielleicht kauften sie generell häufiger Lebensmittel ein oder kannten die Betreiber der Marktstände persönlich), doch klar ist auch, dass eine pauschale Vereinfachung „Männer können sich besser räumlich orientieren" zu kurz greift. Entscheidend ist nämlich, dass sich Gehirne auf die unterschiedlichsten Situationen einstellen können – und diese konkreten Aufgaben, die das Leben stellt, verwischen die minimalen Grenzen, die es zwischen weiblichem und männlichem 3D-Vorstellungsvermögen im Labor gibt.

Die Steinzeit-Falle

Bei der ganzen Geschlechterbetrachtung wird eines oft unterschätzt: Wir haben es nie (ich betone: nie) mit statischen Gehirnen zu tun, die unveränderlich nur auf eine Art (männlich oder weiblich) „funktionieren". Gehirne passen sich an – auch über Geschlechtergrenzen hinweg. So können Unterschiede in mentalen Rotationstests verschwinden, wie soeben beschrieben. Doch oftmals passiert genau das Gegenteil: Man beschwört Geschlechterrollen und schafft sich eine selbsterfüllende Prophezeiung. Die Wissenschaft spricht von „stereotyper Bedrohung". Wenn man also Mädchen erzählt, dass sie schlechter in Mathe seien, schneiden sie bei einem anschließenden Mathetest auch schlechter ab[57] (Jungs lassen sich übrigens weniger von solchem sozialen Druck beeinflussen). Dabei gibt es gar keine statistischen Unterschiede zwischen der mathematisch-logischen Leistung von Mädchen und Jungs.

Passen Sie besonders auf, wenn Geschlechterrollen evolutionär begründet und anschließend mit vermeintlichen Neuro-Argumenten vermischt werden. Nach dem Motto: „In der Steinzeit saßen die Frauen daheim, haben auf die Kinder aufgepasst und viel geredet, also sind ihre Gehirne kommunikativer und sprachlich besser vernetzt." Sie können nämlich alles mit evolutionären Scheinargumenten „begründen", dabei ist es nur äußerst schwer nachzuprüfen, wie denn die Gesellschaftsstruktur vor 50 000 Jahren wirklich ausgesehen hat. Die Neurobiologie gibt es jedenfalls nicht her, dass man Frauen für kommunikativer als Männer hält. In der Sprachverarbeitung unterscheiden sich die Gehirne von Männern und Frauen jedenfalls nicht. Bei beiden arbeiten die Gehirnhälften ähnlich bei der Erzeugung von Sprache, und es gibt auch kein besonders gut vernetztes „weibliches Sprachzentrum".[58] Auch vom Vorurteil, dass Frauen mehr reden als Männer, können Sie sich getrost verabschieden. Beide reden gleich viel, und zwar etwa 16 000 Wörter pro Tag[59] (wer sich fragt, wie man das misst: mit kleinen Aufnahmegeräten, die sich automatisch beim Sprechen einschalten).

Viele Wege führen nach ...

Wir haben oft eine stark vereinfachte Vorstellung von der Funktion des Gehirns. Ich gebe zu, das ist manchmal nötig, um in dem unübersichtlichen Gewirr aus Nervenzellen zumindest ein bisschen den Überblick zu behalten. Doch ein besonderer Denkfehler verleitet uns dazu, die Unterschiede in Gehirnen von Frauen und Männern überzubewerten.

Was ist 5 plus 5? 10, werden die meisten zu Recht sagen, denn diese Rechenaufgabe hat nur eine Lösung. Und viele stellen sich vor, dass das Gehirn genau so funktioniert: Eine bestimmte Hirnarchitektur ermöglicht ein bestimmtes Denken. Doch es ist anders. Formulieren wir die Frage um. Wie viele Möglichkeiten gibt es, folgende Aufgabe zu lösen: X plus Y = 10? Unendlich viele (zumindest, wenn wir nicht nur ganze Zahlen heranziehen)! Und so ähnlich denkt auch ein Gehirn. Es gibt nicht *den* einen Weg, um mentale Tests zu lösen, sondern mehrere. Wenn also Gehirne unterschiedlich aufgebaut sind, dann bedeutet das zunächst einmal nur, genau das: dass sie unterschiedlich aufgebaut sind. Mehr nicht! Sie können dennoch die gleichen Aufgaben gleich gut lösen.

Genau das stellt man auch beim Vergleich von männlichen und weiblichen Gehirnen fest. Untersucht man Frauen und Männer, die beim räumlichen Vorstellungsvermögen gleich gut abschneiden, erkennt man, dass vor allem ältere Testteilnehmer (und Testteilnehmerinnen) unterschiedliche Bereiche des

Gehirns besonders „aktivieren" (niemals vergessen: der Rest vom Gehirn denkt auch mit). Männer verarbeiten die Information eher in der linken Gehirnhälfte, Frauen in beiden Hälften.[60] Doch das Ergebnis (ein Objekt im Geiste gedreht zu haben) ist dasselbe. Ähnliche Resultate erhält man auch, wenn man untersucht, wie weibliche und männliche Gehirne auf gereimte Wörter reagieren: Auch hier ist die Aktivierung des Nervennetzwerks bei Frauen großflächiger als bei Männern,[61] doch sie reimen beide gleich gut. Männer und Frauen denken also tatsächlich unterschiedlich, doch unterschiedliche Wege führen oft zum gleichen Ziel.

Das bedeutet: Selbst wenn man Geschlechtsunterschiede zwischen den Gehirnen findet, gibt das einem noch nicht das Recht, über die Funktion des Gehirns zu urteilen. Gehirne lernen, passen ihre Struktur den eintreffenden Reizen an und werden so zu dem, was sie sind. Gewiss, schon kurz nach der Geburt kann man Unterschiede im Geschlechterverhalten messen. Doch nur weil sich männliche Affenkinder verstärkt auf Spielzeugautos stürzen, heißt das nicht, dass unsere Denkweisen klischeehaft vorgegeben sind. Eine derzeitige Hypothese erklärt dieses Verhalten übrigens damit, dass sich Testosteron in der Kindesentwicklung unter anderem auf die Bildverarbeitung des Gehirns auswirkt. Ein Auto ist somit kein „männliches" Spielzeug, sondern nur etwas, was sich besonders leicht bewegen lässt und deswegen für „männliche Gehirne" besonders interessant ist.[62]

Sie können die tatsächlichen Unterschiede in den Gehirnen von Männern und Frauen nicht abstreiten, doch genauso wenig können Sie ein soziales Rollenverständnis mit der Struktur des Gehirns begründen. Es ist ein Wechselspiel: Die Funktion des Gehirns bedingt das Verhalten. So entstehen soziale Strukturen, die wieder auf das Gehirn zurückwirken. Das Gehirn ist so plastisch, dass es sich im Laufe der Zeit in diesen Strukturen besser zurechtfindet. Seine Architektur passt sich der Umwelt an. Durch diese ständige Rückkopplung zwischen Gehirn und

Umwelt ist der Aufbau des Gehirns gleichzeitig Abbild der Umgebung *und* Grund für unser Verhalten.

Ein unschuldiges Gehirn

Drei Dinge sollten Sie daher aus diesem Kapitel mitnehmen. Erstens, Männer quatschen genauso viel wie Frauen. Zweitens, Frauen können genauso gut einparken (räumlich denken), wenn sie es ein bisschen üben (und sich nicht einschüchtern lassen, Stichwort „stereotype Bedrohung"). Drittens, die Anatomie des Gehirns ist ein ziemlich unbrauchbares Argument, um Geschlechterklischees zu begründen.

Gleichmacherei ist also genauso sinnlos wie ein Stereotypen-Denken. Denn Gehirne sind anpassungsfähiger, als sie auf den ersten Blick scheinen. Natürlich (das haben Sie sicher schon bemerkt) gibt es Unterschiede zwischen Mann und Frau, und diese Unterschiede machen auch vor dem Gehirn nicht halt. Fallen Sie aber nicht darauf herein, die anatomischen Unterschiede im Gehirn zur Rechtfertigung von Klischees zu missbrauchen. Denn eigentlich sind sie etwas viel Schöneres: der biologische Beweis dafür, dass es mehrere Wege gibt, um nach Rom zu gelangen.

Dass wir Männern und Frauen unterschiedliche Rollenbilder zuschreiben, wächst nicht auf dem Mist der neuronalen Verschaltungen, sondern entsteht durch soziale Interaktion. Natürlich gibt die Biologie die Richtung vor (wir nehmen eine Geschlechter-Identität an und fühlen uns als Frau oder Mann), doch wie diese Richtung ausgestaltet wird (ob wir in einer gleichberechtigten Gesellschaft oder einem Patriarchat leben), das können Sie mit einem Gehirn nicht begründen.

P. S.: Zum Schluss erlaube ich mir noch, gegen all diejenigen biochemisch nachzutreten, die das Testosteron als „Männlichkeitshormon" preisen und ihm geradezu Kultstatus verleihen, wenn sie von „testosterongesteuertem Verhalten" sprechen. Testosteron dringt tatsächlich ins Gehirn ein und verändert dort die Aktivität von Zellen – doch erst, wenn es im Hirngewebe zu Östrogen umgewandelt wurde, kann es überhaupt biologisch wirksam werden. Was den Mann tatsächlich zum Mann macht, ist also das weibliche Geschlechtshormon, das auch den Eisprung bewirkt. Sorry, Mario Barth.

Mythos n° 8

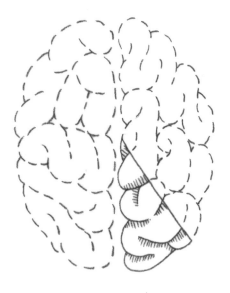

Wir nutzen nur 10 Prozent
unseres Gehirns

Kommen wir nun zu meinem absoluten Liebling unter den Hirn-Legenden. Wenn ich einem Neuromythos die Popularitäts-Medaille verleihen müsste, dann wäre es dieser. Sicher haben Sie es auch schon gehört: Wir nutzen nur 10 Prozent unseres Gehirns. Oder anders ausgedrückt: 90 Prozent unseres Denkorgans stehen zur freien Verfügung und warten nur darauf, endlich aktiviert zu werden. Man stelle sich das mal vor: Auf einen Schlag könnten wir unsere Geistesleistung verzehnfachen!

Da ich dem zahlenden Leser dieses Buches auch etwas bieten will, bin ich losgezogen und habe mich auf die Suche nach dem Ursprung dieser Legende gemacht. Wenn sie von so vielen Menschen verbreitet wird, muss sie doch auf irgendwelchen wissenschaftlichen Erkenntnissen fußen. Nach monatelanger fieberhafter Suche muss ich allerdings konstatieren: Es gibt keine verlässliche Quelle, keine Studie, keine wissenschaftliche Untersuchung, noch nicht mal einen halbwegs vernünftigen Wissenschaftler, der erklären könnte, wo diese Idee herkommt. Stattdessen bin ich auf einen Haufen an Selbsthilfe-Literatur gestoßen, die uns verspricht, das volle Potenzial des Gehirns zu entfalten und die ominöse 10-Prozent-Grenze spielend leicht zu überwinden.

Hier sehen wir auch schon den ersten Grund, weshalb sich dieser Mythos besonders hartnäckig hält: Irgendjemand hat ihn irgendwann einfach in die Welt gesetzt! Und leider ist das Gehirn ein relativ wehrloses Organ, von dem man ungestraft alles Mögliche behaupten kann. Ist ja auch schwer nachzuprüfen, wie viel man von seiner Hirnmasse tatsächlich nutzt. Dazu braucht man schon das volle Programm an technischem Gerät und wissenschaftlichem Know-how. Das stand vor einigen Jahrzehnten noch gar nicht zur Verfügung. Man sieht wieder einmal: Das Gehirn eignet sich prima, um rasch mal eine Legende zu basteln.

Hinzu kommt, dass die Idee ja auch ziemlich eingängig und faszinierend ist. Wir alle haben schon mal was vom „Unterbewusstsein" gehört – davon, dass in unserem Gehirn Dinge passieren, von denen wir nichts mitkriegen. Ist es da nicht logisch, dass wir nur mit einem Bruchteil des Gehirns sinnvoll denken? Auch die Empirie scheint diesen Eindruck zu bestätigen: Als es mich kürzlich unglücklicherweise ins spätnachmittägliche Fernsehprogramm verschlug, hoffte ich doch sehr, dass die Protagonisten der Dokusoaps wirklich nur 10 Prozent ihrer Hirnleistung nutzten.

Das geistige Grundrauschen

Was sagt nun aber die Hirnforschung zu diesem Thema? Die Antwort dürfte Sie im Kontext des vorliegenden Werks nicht überraschen: Es ist totaler Quatsch! Richtiger Unsinn! Nichts an diesem Mythos stimmt, und das kann man sich schon mithilfe der Methoden klarmachen, mit denen man das Gehirn untersucht.

Da Sie sich diesem Buch sicherlich mit mehr als 10 Prozent Ihrer Aufmerksamkeit widmen, dürfte es Ihnen nicht schwerfallen, sich an Mythos n° 1 zu erinnern („Hirnforscher können Gedanken lesen"). Dort war schon die Rede von verschiedenen Verfahren, um dem Gehirn „beim Denken zuzuschauen". Und alle diese Methoden zeigen, dass das Gehirn permanent aktiv ist und sich keineswegs, niemals, zu 90 Prozent auf die faule Hirnhaut legt.

Da wäre zum einen die fMRT, der „Hirnscanner". Wie mittlerweile bekannt, untersucht man damit die Durchblutung des

Gehirns und kann dadurch in etwa ermitteln, wo es gerade besonders aktiv ist. Schaut man sich die Computer-Bilder solcher Durchblutungs-Muster genauer an, sieht man meist, dass bestimmte Regionen rot eingefärbt sind, der Rest vom Gehirn aber unscheinbar grau vor sich hin dämmert. Ein klares Indiz für die 10-Prozent-Regel, könnte man meinen. Doch diese Bilder wurden digital so nachbearbeitet, dass man die winzigen Blutfluss-Unterschiede überhaupt sehen kann, es sind „Differenz-Bilder". Tatsächlich geht's im Gehirn überall richtig zur Sache. Ständig verändert sich die Durchblutung in sämtlichen Hirnbereichen, jede Region (bestehend aus Millionen von Nervenzellen) passt ihre Aktivität permanent an. Das ist so unübersichtlich, dass man komplizierte Rechenprogramme braucht, um in diesem Durcheinander überhaupt so etwas wie ein Messsignal zu erkennen. Dieses Hintergrundrauschen, die ständige Aktivität von Nervenzell-Netzwerken, ist dabei auf kein Gebiet beschränkt. Alle Bereiche des Gehirns sind immer aktiv – und wichtig für unser Denken und Fühlen.

Der Applaus der Nervenzellen

Darüber hinaus zeigt auch die ebenfalls schon beschriebene Elektroenzephalographie (EEG), wie unfassbar geschäftig es im Gehirn zugeht. Mit ihr zeichnet man nicht über den Umweg der Durchblutung auf, wie aktiv bestimmte Nervenzellgruppen gerade sind – sondern man setzt sich eine lustige Mütze auf, in die Elektroden eingenäht sind. Diese Elektroden registrieren die elektrischen Felder, die entstehen, wenn Nervenzellen ihre Impulse aussenden. Interessanterweise geschieht dabei etwas Überraschendes: Nervenzellen sind sehr gesellige Wesen, richtige Kumpeltypen. Deswegen entsenden sie ihre Signale nie alleine, sondern sie verabreden sich und senden gleichzeitig, sie synchronisieren sich. Das ist eine prima Sache, denn dadurch werden die dabei entstehenden elektrischen Felder so stark, dass man sie von außen messen kann.

Überall hört man, dass man mit einem EEG „Hirnströme ableiten kann". Das klingt ziemlich bedrohlich und ist eigentlich auch nicht ganz korrekt. Tatsächlich macht man nämlich nur sichtbar, wie die elektrischen Felder schwanken und mal stärker, mal schwächer werden. Das Erstaunliche ist nun: Diese elektrischen Felder (und ihre Schwankungen) sind immer da. Egal wo Sie auf dem Kopf messen, egal zu welcher Uhrzeit, ob Sie schlafen oder ein Schleckeis essen, ständig entsenden Nervengruppen Impulse, die sich zu elektrischen Feldern synchronisieren. Als Faustregel gilt: Je langsamer diese Felder schwanken, desto geringer ist auch die Aufmerksamkeit. Im Tiefschlaf verändert sich so ein Feld zum Beispiel dreimal pro Sekunde. Wenn Sie jedoch hochaufmerksam etwas Neues lernen (beispielsweise gerade in diesem Augenblick, wie ich sehr hoffe), können die Felder bis zu 70 Mal pro Sekunde wechseln. Doch sie verschwinden nie.

Nervenzellgruppen sind also immer aktiv und verabreden sich zum gemeinsamen Impulse-Entsenden. Das Interessante ist: Keiner weiß, warum – oder wie dieses Zusammenspiel genau gesteuert wird. Es ist so ganz anders als bei einem Chor, der ein schönes Liedchen trällert: Erst wenn ein Dirigent die Schallwellen aller Singenden koordiniert, wird aus einem Grundrauschen ein Gesang. Doch im Gehirn gibt es keinen Dirigenten. Den brauchen Nervenzellen auch gar nicht, denn sie können gar nicht anders, als regelmäßig Nervenimpulse zu erzeugen. Wenn man sie in einer Zellkulturschale auswachsen lässt, fangen sie sogar dort nach wenigen Wochen einfach so an, Impulse zu produzieren, völlig spontan, ohne dass jemand ihnen etwas gesagt hätte. Und wenn viele Nervenzellen im Gehirn nebeneinander sitzen, synchronisieren sie sich dabei. Man kann das am ehesten mit dem Applaus einer großen Menschenmenge vergleichen: Wenn viele Menschen gleichzeitig klatschen, geschieht das zunächst noch unorganisiert und chaotisch, es ist sozusagen ein „Klatsch-Rauschen". Doch wenn der Applaus lange genug andauert, kann er rhythmisch und gleichmäßig werden – und auch das geschieht selbstorganisiert und spontan.

So ähnlich läuft das im Gehirn auch ab. Auch wenn wir nicht bewusst nachdenken, findet ständig ein „Applaus der Nervenimpulse" statt, ein geistiges Grundrauschen sozusagen.

Im Palast der Erleuchtung

Wie man sich leicht vorstellen kann: Wenn das Gehirn tatsächlich immer am Arbeiten ist und alle Zellen fleißig mitmachen, dann benötigt es dafür eine Menge Energie. Sie haben bestimmt schon mal von einem weiteren Mythos gehört: dass das Gehirn nämlich 20 Prozent der gesamten Energie eines ruhenden Menschen umsetzt, obwohl es doch nur etwa zwei Prozent seiner Körpermasse ausmacht. Und so verrückt es klingt: Das stimmt wirklich!

Schließlich ist es ein aufwendiges Unterfangen, andauernd Nervenimpulse zu erzeugen und Botenstoffe auszuschütten. Andere Organe sind da nicht so streberhaft und gönnen sich auch mal eine Pause: Muskeln und Darm werden beispielsweise erst dann mit richtig viel Nährstoffen versorgt, wenn sie auch etwas zu tun haben. Nicht so das Gehirn, da ist der Energieumsatz relativ konstant, die Gesamtdurchblutung ändert sich kaum, egal ob man gerade dieses Buch liest oder später im Schlaf davon träumt.

Da kann man sich fragen: Was soll das eigentlich? Warum klinkt sich das Gehirn (oder zumindest Teile davon) nicht einfach mal aus? Schließlich ist es das evolutionäre Ergebnis eines Jahrmillionen währenden Selektionsprozesses. Klar, dass es da nicht 90 Prozent ungenutzten Ballast mitschleppt – aber warum muss es dann gleich ins Gegenteil verfallen und permanent so viel Energie umsetzen?

Wenn Sie bei sich zu Hause sind, werden Sie, energiesparsam wie Sie sind, nur in den Zimmern das Licht brennen lassen, in denen Sie auch gerade was zu tun haben. Halten Sie sich in

Ihrer (ich würde es Ihnen gönnen!) luxuriösen 10-Zimmer-auf-zwei-Etagen-Wohnung ausschließlich in der Küche auf, nutzen Sie also nur 10 Prozent Ihrer Lichtkapazität. So ähnlich stellen sich viele Menschen die Arbeitsweise des Gehirns vor. Immer schön die Kräfte einteilen, nur dort das Licht anknipsen, wo es auch nötig ist.

Tatsächlich ist es jedoch genau anders herum: Um im Bild zu bleiben, ist das Gehirn allerdings keine große Wohnung, sondern ein gigantischer Palast, der ständig festlich illuminiert erstrahlt. In fast allen Zimmern ist gleichzeitig das Licht an, denn in fast allen Zimmern wird auch gearbeitet. Das hängt damit zusammen, dass das Gehirn nach einem grundsätzlich anderen Prinzip funktioniert, als wir das aus unserer Arbeitswelt kennen.

Das Schuh-Sortier-Prinzip

Wenn wir etwas häufig benutzen, geht es irgendwann kaputt, denn es nutzt sich ab. Damit Sachen lange halten, sollte man sie daher vorsichtig verwenden und immer wieder reparieren. Ein paar Schuhe sollte man zum Beispiel so selten wie möglich tragen, dann bleiben sie lange ansehnlich und funktionsfähig. Doch im Gehirn ist das anders.

Meine Schwester hat ein ganzes Arsenal an mehr oder weniger hübschen Schuhen. Nehmen wir mal an, es sind 50 Paar. Einige dieser Schuhe benutzt sie häufiger, andere selten. Wenn sie nun anfangen und ihre Schuhsammlung so aufräumen würde, wie sich Nervenzellen im Gehirn organisieren, dann müsste sie zunächst überprüfen, welche Schuhe sie am häufigsten nutzt – und diese immer wieder tragen und ausbessern, indem sie ihnen einen neuen Absatz oder eine modernere Sohle verpasst. Schuhe, die zwar hübsch aussehen, aber nie getragen werden, würden erst aussortiert und irgendwann weggeworfen. Denn damit sich ein Schuh seine Daseinsberechtigung verdient, muss er auch benutzt werden. So reduziert sich ihre

Wir nutzen nur 10 Prozent unseres Gehirns

Schuhsammlung auf immer weniger Paare, vielleicht 10, die aber ständig getragen werden. Kein Schuh steht überflüssig im Regal herum. Während die Schuhauslastung zu Beginn des Sortierprozesses 20 Prozent betrug, liegt sie zum Schluss bei 100 Prozent.

Von Zeit zu Zeit kauft sich meine Schwester ein neues Paar Schuhe, aber wir nehmen mal an, das hielte sich sehr in Grenzen (das ist natürlich äußerst unrealistisch, fragen Sie meine Schwester). Nun muss aber auch ein neues Paar Schuhe immer wieder getragen werden, damit es nicht entsorgt wird. Vielleicht wird es sogar häufiger benutzt als eines der bisherigen Top-10-Paare. Dann verschwindet dieses, und das neue Paar Schuhe nimmt seinen Platz ein. Auch die Anzahl und die Art der Schuhe, die meine Schwester besitzt, sind nicht festgelegt, sondern abhängig davon, wo meine Schwester langläuft. Da sie vorzugsweise in Australien lebt, befinden sich überwiegend Sommerschuhe in ihrer Sammlung. Doch das würde sich ändern, wenn sie ins regnerische Mitteleuropa zurückkehrt. Ein Paar besonders tolle Flip-Flops würden bleiben, doch der Rest von robusterem Schuhwerk verdrängt werden. Ihre Schuhsammlung wird also dynamisch ihrem Aufenthaltsort angepasst und kann größer oder kleiner werden, ganz wie es das Umfeld verlangt.

Ich will das Gehirn natürlich nicht mit der Schuhsammlung meiner Schwester gleichsetzen und auch keine neue Legende beschwören: Nein, die Hauptaufgabe des Gehirns ist nicht das Sortieren von Schuhen. Doch es wird so anschaulicher, nach welch ähnlichem Prinzip es funktioniert. Natürlich gibt es im Gehirn keine Schuhe, sondern Verknüpfungen von Nervenzellen, die Synapsen, und (das ist sehr wichtig!) es gibt auch niemanden, der diese Verknüpfungen und Nervenzellen ausmistet, denn das machen die ganz von allein. Doch das Grundprinzip ähnelt dem der oben beschriebenen Schuh-Sortierung: Nervenzellen und ihre Synapsen müssen benutzt werden, sonst sterben sie ab. Außerdem werden Synapsen, die häufig aktiviert werden, ausgebessert und ausgebaut. So sind sie für ihren nächsten Einsatz besser gerüstet.

Das Nervenzellen-Ausmisten

Wenn ein Mensch geboren wird, kommt er mit einem Überschuss an synaptischen Kontakten zur Welt. Die Nervenzellen sind also übermäßig gut miteinander verbunden. Von diesen Kontakten ist aber ein Großteil gar nicht nötig, sondern sozusagen überflüssiger Kontaktmüll. Im Laufe der ersten Lebensjahre und bis in die Pubertät hinein werden diese Verbindungen daher zurechtgestutzt.[63] Es überleben nur die Kontakte, die auch häufig verwendet werden. So ähnlich wie ein Trampelpfad immer breiter und fester wird, je öfter man auf ihm läuft, werden auch synaptische Verbindungen mit ihrer Nutzung stabiler und effizienter. Nervenzellen haben nämlich ein raffiniertes Verfahren entwickelt, um ihre Synapsen immer weiter zu tunen. Wird eine Synapse besonders stark aktiviert, löst das in der Zelle die Produktion von Strukturmolekülen aus, die die Synapse größer und effizienter machen. Es werden auch mehr Botenstoffe eingelagert und Proteine gebildet, die deren Ausschüttung verbessern. Kurzum: Jeder starke Nervenimpuls ist für eine Zelle Anlass genug, die betroffene Synapse zu verstärken. Unbenutzte Kontakte werden hingegen erst schwächer und sterben dann ab.

Dieses Zurechtstutzen darf man nicht unterschätzen, knapp die Hälfte aller Verbindungen zwischen den Nervenzellen geht im Laufe der ersten 20 Lebensjahre verloren. Auch eine Vielzahl von Nervenzellen stirbt zu Beginn des Lebens ab. Übrig bleibt nur das, was sich bewährt hat und ständig aktiviert wird. Das setzt sich das ganze Leben lang fort. Zwar bei weitem nicht so dynamisch wie in den ersten zwei Dekaden, doch immer wieder müssen sich Synapsen ihr Recht verdienen, im Gehirn bleiben zu dürfen. Unnötiger Ballast wird auf diese Weise entsorgt (genauso wie die ungenutzten Schuhe meiner

Schwester). Für eine Zelle ist es nun mal recht kostspielig, eine komplette Synapse mit lauter Botenstoffen am Laufen zu halten. So spart das Gehirn doch noch Energie ein.

Ich möchte an dieser Stelle ein grundlegendes Prinzip des Gehirns abermals betonen: Es organisiert sich selbst! Es gibt niemanden, der die überflüssigen Nervenzellen und ihre Kontakte entfernt (so wie es ein Bildhauer mit seiner Skulptur macht oder meine Schwester mit ihren Schuhen). Das machen die Zellen vollkommen allein. Denn jeder Reiz macht sie robuster und effizienter in ihrer Impulserzeugung und -weiterleitung. Es können sogar dauerhaft neue Synapsen entstehen, wenn sich diese im Laufe der Zeit bewähren.

Welcher Reiz wichtig ist und welcher nicht, entscheiden aber Sie persönlich, verehrte Leserin, lieber Leser. Denn Sie liefern Ihrem Gehirn ständig Informationen und Sinnesreize, die vom Nervenzellnetzwerk verarbeitet werden. So werden die Verbindungen immer wieder neu justiert, verstärkt oder geschwächt. Ihr Gehirn, gerade in diesem Moment, ist also völlig individuell, das Produkt sämtlicher Informationen, die Sie jemals verarbeitet haben.

Use it or lose it!

Man sieht jetzt, warum das Gehirn immer komplett arbeitet und kein Teil ungenutzt bleibt. Denn wäre dies nicht der Fall, wären die entsprechenden Nervenzellnetzwerke und ihre Kontakte, die 90 Prozent also, längst aufgelöst worden. „Use it or lose it!", könnte man sagen: „Nutze es oder verliere es!" Das heißt nicht, dass dieser Verlust etwas Schlechtes wäre. Im Gegenteil: Durch diesen Prozess arbeitet das Gehirn immer effizienter. Es verplempert keine Energie für die unnötige Aktivierung großer Netzwerke, sondern konzentriert sich auf die wichtigen Rechenschritte.

Was man mit einem fMRT oder einem EEG sichtbar machen kann, die ständige Aktion von großen Nervenzellgruppen, ist also das Ergebnis eines jahrelangen Selektionsprozesses, bei dem nur die besten und nützlichsten Nervenzellen und ihre Kontakte überlebt haben. Und das Tolle ist: Je öfter diese Synapsen benutzt werden, desto besser funktionieren sie. Denn jede Benutzung ist sogleich auch ein Reiz an die Zelle, die Synapse weiter auszubauen oder zu festigen. Ständig wird deswegen an den Synapsen rumgebastelt und repariert. Wenn sie jedoch nicht genutzt werden, bröckeln sie auch irgendwann weg. So bleiben nur die Nervenzellen mit ihren Kontakten übrig, die auch oft aktiv sind.

100 Prozent sind noch nicht alles

Ich hoffe, Sie sind von der Erkenntnis, dass wir in Wahrheit deutlich mehr als 10 Prozent unseres Hirns nutzen, nicht enttäuscht. Denn in dieser Legende steckte ja auch die Hoffnung, dass man mit ein paar Tricks sein Gehirn besser und umfangreicher „gebrauchen" kann. Deswegen an dieser Stelle ein paar aufmunternde (und paradox klingende) Worte: Obwohl Ihr Hirn schon mit 100 Prozent arbeitet, geht da noch mehr.

Denn das Gehirn ist unfassbar anpassungsfähig und kann seine Kapazitäten immer weiter ausbauen. 100 Prozent Auslastung heißt nicht, dass das Gehirn an der Grenze seiner Leistungsfähigkeit angelangt ist. Es ist gerade umgekehrt: Dadurch, dass das Gehirn mit voller Leistung arbeitet, kann es erst recht weitere, neue Informationen aufnehmen. Denn es ist durchaus möglich, dass sich die Struktur des Nervenzellnetzwerks ändert und auch neue Verknüpfungen entstehen. Dies ist die Grundbedingung für Lernen. Es ist ja gerade nicht so, dass das Gehirn nur eine bestimmte Kapazität zur Verfügung hätte (einen Speicherplatz sozusagen), der nach und nach gefüllt werden kann und dann irgendwann voll ist. Tatsächlich ist der „Speicher" des Gehirns immer so groß wie gerade benötigt: Er kann größer und effizienter werden, wenn wir mehr lernen, und wird kleiner, wenn wir ihn nicht mehr benutzen. So ähnlich wie auch die Schuhsammlung meiner Schwester in Australien eine andere ist als in Deutschland, kommt es immer auf das Umfeld an, in dem sich ein Gehirn befindet. Denn es sind die Reize und Eindrücke, die das Gehirn aus seiner Umwelt extrahiert, die bestimmen, wie es sich im Detail organisiert – und wie „klug" Sie sind.

Ein völlig verrücktes Prinzip eigentlich, für das ich extra das nächste Kapitel „Hirnjogging macht schlau" vorbereitet habe.

Mythos n° 9

Hirnjogging macht schlau

Ich hätte gerne ein „Superhirn"! Ich will mir unbedingt in 5 Minuten alle Telefonnummern in meinem Adressbuch merken können, oder den „Erlkönig", oder alle Sieger des Dschungelcamps, was man eben so alles braucht ...

Überdurchschnittliche Power, fantastische Intelligenz und außergewöhnliches Gedächtnis – das wär schon was. Weil man das aber nur selten fertig in die Wiege gelegt bekommt, kann man ja daran arbeiten bzw. „trainieren", das hört sich sportlicher an, und sportlich soll es ja sein, das Gehirn: Genau wie ein Muskel soll es immer besser werden, wenn man richtig übt.

Wer dieses Buch bisher aufmerksam gelesen hat (und das hoffe ich doch sehr), hat gerade erfahren, dass das durchaus sinnvoll ist. Schließlich passt sich das Gehirn an die Umweltreize an, verändert seine Strukturen, die Kontakte zwischen den Nervenzellen. Nichts ist von Dauer und das Gehirn immer so gut, wie es gerade gefordert wird. Also dann: bloß nicht einrosten! Auf die Neuronen, fertig, los!

Das Gehirn zu trainieren, damit es stärker und besser wird, ist ein äußerst verlockender Gedanke. Kein Wunder, dass sich geradezu eine „Trainingsindustrie" gebildet hat, die verspricht, die Leistungsfähigkeit des Gehirns zu erhöhen, indem man es individuell fordert. „Hirnjogging" ist das Zauberwort, und so werden Computerprogramme und Rätselhefte mit den Versprechen angepriesen, dass man mit ihnen seine Merk- und Konzentrationsfähigkeit verbessert, sein räumliches Vorstellungsvermögen fördert, seine Arbeitsgeschwindigkeit erhöht, einfach intelligenter wird. Tolle Sache!

Mythos n° 9

Doch nicht genug damit, dass wir unsere Gehirne durch effektives Training zu besseren Denkorganen tunen können, Spaß soll es auch noch machen, wie uns einschlägige wissenschaftliche Fachmagazine verkünden: „Gehirn-Jogging – Lust am Lernen", so weckte die *Apotheken Umschau* schon 2005 bei mir die Freude am Hirntraining.[64] Spielend bringe ich mein Gehirn auf Trab – die Welt könnte so einfach sein: Einfach ein lustiges Computerspiel spielen und hinterher ein besseres Gehirn besitzen. Wer sagt da schon Nein?

Der Hirnjogging-Trend hat heute bereits zehn Jahre auf dem Buckel. Doch seine Produkte verkaufen sich nach wie vor prima. Bücher, Zeitschriften, Volkshochschulkurse, Computerprogramme (von Lumosity bis Dr. Kawashima) ... Ganze Firmen haben sich auf „maßgeschneidertes Gehirntraining" spezialisiert und bieten ihre Software feil. Um dem Ganzen noch einen „wissenschaftlichen" Anstrich zu verpassen (man will sich ja nicht ohne akademisch belegten Nutzen einfach so zum Spaß eine coole Brain-App aufs Handy laden), zitiert man schnell noch ein paar Studien, die belegen sollen, dass Hirnjogging tatsächlich die allgemeine Leistungsfähigkeit des Gehirns steigert: einfach ein paar Bilder von weißbekittelten Doktortitel-Trägern auf die Homepage gesetzt, schon wirkt das Ganze viel seriöser. Denn wo die Hirnforschung mitmischt, kann man so falsch nicht liegen.

Doch fördert Gehirnjogging wirklich das Gedächtnis oder die Intelligenz oder die Kreativität oder allgemein die Hirnpower? Kann es überhaupt grundsätzlich funktionieren, dass man erst buntes Obst und Gemüse auf einem Bildschirm sortiert und später auch seinen Einkaufszettel nicht mehr vergisst? Oder ist das alles bloß ein Verkaufstrick von Computerspiel-Produzenten?

Geistiges Hochsprung-Training

Wie sinnvoll die Gehirnjogging-Metapher ist, erkennt man, wenn man sich überlegt, wie richtiges sportliches Training funktioniert: Stellen Sie sich vor, Sie würden aufgefordert, über eine Latte zu springen, die 1,40 Meter hoch liegt. Kein Jogging, sondern Hochsprung also. Wie trainieren Sie das nun am besten? Ohne sportwissenschaftliche Vorkenntnis versuchen Sie vielleicht, aus dem Stand über die Latte zu hüpfen, immer wieder. Ohne Anlauf, ohne Techniktraining, ohne Koordinationsübungen, denn schließlich kommt es ja darauf an, hoch zu springen – dann sollte man sich auch darauf konzentrieren.

Die Frage ist aber: Bringt es was, wenn man immer nur auf der Stelle springt – oder muss man auch den Bewegungsablauf über der Latte trainieren, ganz zu schweigen vom Anlauf? Mit Sicherheit werden Sie am Ende Ihres unkonventionellen Sprungtrainings Ihre Absprungkraft verbessert haben, doch das heißt noch lange nicht, dass Sie ein guter Hochspringer geworden sind.

Genau so „trainieren" Sie, wenn Sie „hirnjoggen". Klar, mit konkreten Übungen fordern Sie Ihr Gehirn – jedoch sehr eingeschränkt. Genauso wie Sie bei Ihrem Aus-dem-Stand-Hochspringen nur einen Teilbereich des Hochsprungs trainieren, konzentrieren Sie sich mit isolierten Hirnjogging-Übungen nur auf einen winzigen Teilbereich Ihrer geistigen Kompetenzen. Doch Intelligenz und Kreativität erwachsen gerade aus dem Zusammenspiel vieler Fähigkeiten. Deswegen ist ein sinnvolles Training fürs Gehirn auch mehr, als nur ein paar Wortpaare zu vergleichen oder Zahlen in Kästchen zu sortieren.

Die aktuelle Hirnforschung interessiert sich auch gar nicht dafür, *ob* „Gehirnjogging" überhaupt etwas bringt. Sicher tut es das: Es fördert ganz konkret die Lösungsfähigkeit für die Aufgaben, die Sie gerade bearbeiten. Die Frage, die sich jedoch stellt, ist die nach der Übertragbarkeit dieser Effekte. Die Wissenschaft spricht in diesem Zusammenhang von „nahem" und

„fernem Transfer". Naher Transfer bedeutet: Wenn ich aus dem Stand hoch springen kann, dann kann ich das auch, wenn ich auf eine Kiste springen muss. Ein ferner Transfer wäre es, wenn ich nach diesem „Aus-dem-Stand-Sprungtraining" auch ein besserer Hoch-, Weit- und Skispringer geworden bin.

Genau das ist ja oft das Verkaufsversprechen der Hirnjogging-Industrie: Mit „wissenschaftlich entwickelten Spielen" soll man sein „Erinnerungsvermögen und seine Konzentration trainieren" (so verspricht es etwa das sehr populäre Lumosity-Programm) oder sein „Gehirn stimulieren und jung halten" (sagt ein japanischer Doktor im Namen von Nintendo®). Das Versprechen ist groß: dass man die *allgemeine* Leistungsfähigkeit seines Gehirns verbessern kann – oder zumindest komplexe kognitive Fähigkeiten (wie Kreativität oder das Gedächtnis) fördert. Die zentrale Frage, wenn man das Phänomen „Gehirnjogging" wissenschaftlich untersucht, lautet daher: Lässt sich das Training mit einem Computerprogramm auf die allgemeine Leistungsfähigkeit übertragen? Gibt es „ferne Transfereffekte", oder ist alles bloß ein geistiges „Aus-dem-Stand-Hochspringen"?

Hirnjogging-Tests

Nahe Transfereffekte zu messen, ist nicht besonders schwierig. Testet man kommerzielle Hirnjogging-Programme auf ihre „Wirksamkeit", so zeigt sich, dass sie tatsächlich die Fähigkeiten verbessern, die man regelmäßig übt.[65] Gut gezeigt wurde das zum Beispiel für Tests des Arbeitsgedächtnisses, bei denen man sich Zahlen/Symbol-Kombinationen für eine gewisse Zeit merken muss. Je öfter man das trainiert, desto besser kann man sich nicht nur diese Kombinationen, sondern auch andere Objekte in einer ähnlichen Aufgabenstellung merken. Wer hätte das gedacht!? Das Gehirn kann sich wirklich an neue Aufgaben anpassen. So weit, so unspektakulär.

Zwei „nahe Transfereffekte" beobachtet man dabei ziemlich

häufig: Die gehirnjoggenden Personen arbeiten oft schneller, und sie behaupten, besser und effektiver denken zu können. Beide Effekte erklären gut, weshalb Gehirnjogging in engen Grenzen tatsächlich funktioniert: Wenn man eine Aufgabe oft wiederholt, erkennt man, wie man sie am besten löst, man entwickelt eine Strategie. Wenn Sie jeden Tag 500 Figuren in ein Raster ordnen, haben Sie irgendwann den Dreh raus. Das heißt aber nicht, dass das Gehirn auch mehr Power bekommt. Würde ein Formel-1-Fahrer auf der Rennstrecke eine Abkürzung kennen, käme er auch schneller ins Ziel, der Motor des Wagens bliebe jedoch derselbe. Die Verbesserung greift also nur bei sehr ähnlichen Aufgabenstellungen. Der Formel-1-Wagen findet seine Abkürzung eben auch nur auf einer Rennstrecke, nicht jedoch in den Weiten der Lüneburger Heide.

Ein weiterer Effekt des Gehirnjoggings darf nicht unterschätzt werden: Es motiviert. Wenn ich schon weiß, dass ich gerade das „effektivste computergestützte Gehirntraining mit modernsten wissenschaftlichen Erkenntnissen" absolviert habe, komme ich mir wichtig und gefördert vor. Gegenüber einer Kontrollgruppe schneide ich schon alleine deswegen besser ab, weil ich es mir einfach beweisen muss, dass das Training funktioniert hat. Soll ja nicht umsonst gewesen sein!

Genau das kann man auch in wissenschaftlichen Untersuchungen messen: Probanden, die ein „Gehirntraining" absolviert haben, sind motivierter und schneiden deswegen nicht nur bei den trainierten Aufgaben, sondern auch bei ähnlichen Übungen besser ab als eine Kontrollgruppe, die gar nichts gemacht hat.[66] Sie trauen sich einfach mehr zu und gehen auch schwierigere Aufgaben an, bei denen die anderen schon die Waffen streckten. So scheint man einen kognitiven fernen Transfereffekt zu messen, doch tatsächlich sind die gehirnjoggenden Probanden bloß besonders angespornt. Leistungsfähigkeit durch Placebo-Effekt, so verzerrt man leicht wissenschaftliche Ergebnisse, denn eine substantielle Verbesserung der Hirnfunktionen misst man nicht.

Mythos n° 9

Die Wahrheit über Hirnjogging

Gute Hirnforschung berücksichtigt natürlich solche Vorgänge und vergleicht nicht Äpfel mit Birnen (also gehirnjoggende und gehirnfaulenzende Probanden), sondern Testpersonen, die thematisch verschiedene Gehirntrainings absolvieren. In einer groß angelegten Studie (mit über 11 000 Teilnehmern)[67] machte zum Beispiel eine Testgruppe ein Aufmerksamkeitstraining, eine andere trainierte Schlussfolgern und Logik. Beide Gruppen hatten also unabhängig voneinander ihre Gehirne trainiert, doch wenn man beiden Gruppen anschließend eine neue, für alle fremde Aufgabe (zum Beispiel ein Gedächtnisspiel) gab, stellte sich heraus: Beide schnitten genau gleich gut bzw. schlecht ab, kein Unterschied zwischen den zwei unterschiedlich trainierten Gruppen! Als wären die Probanden im Training die ganze Zeit auf der Stelle gesprungen, konnten sie noch immer nicht über die Latte, sondern ausschließlich im Stand hoch springen (und nur ihre konkret trainierte Aufgabe lösen, intelligenter waren sie nicht geworden).

Selbst wenn man den Begriff „Hirntraining" im wissenschaftlichen Versuch etwas weiter fasst, stellt man keine fernen Transfereffekte fest. Probanden, die Strategiespiele am Computer spielten und ihre Konzentrationsfähigkeit nachweislich verbesserten, schnitten bei Aufmerksamkeitstests, die nichts mit dem Spiel zu tun hatten, nicht besser ab.[68] Es klappt also nicht, erst Obst und Gemüse am Computer in Kästchen zu sortieren und sich dann besser im Supermarkt zurechtzufinden.

Mehr noch: Keine unabhängige Studie (und das ist in diesem Fall wichtig, denn viele Hersteller von Hirnjogging-Programmen sponsern wissenschaftliche Experimente) hat jemals auch nur einen „fernen Transfereffekt" festgestellt. Man wird also nicht intelligenter und kreativer schreiben, nur weil man jeden Morgen kreuzworträtselt. Die gute Nachricht: Sie werden irgendwann wissen, dass ein „irrlichternder mediterraner Heißsporn mit 10 Buchstaben" ein „Berlusconi" ist. Wofür Sie das brauchen? Keine Ahnung.

Trockenübungen fürs Hirn

Die Frage ist also, ob es überhaupt möglich ist, komplexe kognitive Fähigkeiten mit einfachem Training zu fördern. Wenn man sich überlegt, wie ein Gehirn arbeitet, können einem schon Zweifel kommen. Schließlich entstehen Intelligenz und Kreativität nicht durch Trockenübungen, sondern durch Anwendung. Hat doch keinen Sinn, in einem Café auf seinem Computer Wortpaare zu sortieren. Sprechen Sie lieber mit den Menschen um Sie herum, das bringt Ihren Sprachzentren mehr.

Doch verbessert sich nicht wenigstens das logische Denken durch das stetige Lösen von Sudoku-Rätseln? Kein Zweifel, um ein Sudoku zu lösen, müssen Sie die Informationen richtig kombinieren und die passenden Schlüsse ziehen, Sie arbeiten also mit Logik, und das kann durchaus Spaß machen. Doch Sie werden Ihr Gehirn mit diesem „Training" nicht zu einem Logik-Meister machen.

Das Gehirn ist nämlich unfassbar faul und leistet nur das Nötigste. Es wird schnell erkennen, wie es ein Sudoku am besten löst, erkennt sozusagen den Königsweg, wie man am besten an die Aufgabe herangeht. Natürlich wird das Gehirn die Rätsel im Laufe der Zeit immer schneller lösen können, denn es erkennt die Abkürzungen und nötigen Denkmuster, es verbessert seine kombinatorische Logik.

Ist in Ihr Rätselheft allerdings ein Sprachlogik-Test zwischen zwei Sudokus gerutscht – zum Beispiel: „Welche Fernsehsendung passt nicht in die Reihe? Grey's Anatomy, Two and a half men, Forsthaus Falkenau?" (Lösung: Forsthaus Falkenau, denn das ist hohes deutsches Fernsehkulturgut und keine eingekaufte amerikanische Serienware) –, dann sind Sie mit Ihrer logischen Sudoku-Lösungskompetenz aufgeschmissen, all Ihr Trainieren bringt Ihnen für das richtige Antworten nichts.

Genau das ist das Problem mit vielen Hirnjogging-Übungen: Sie versprechen große Effekte und trainieren doch nur sehr konkrete und oft nutzlose Fähigkeiten (ich wüsste zumindest nicht, wozu man Sudokus brauchen könnte). Aus welchem Grund soll das Gehirn die Informationen in einem weit verteilten Netzwerk verrechnen, wenn man im konkreten Test nur 40 Ziffern sortieren muss? Dazu reichen auch ein paar elementare Grundoperationen, fertig! Um die kognitiven Fähigkeiten des Hirns auf Trab zu bringen, sollte man es also schon etwas umfangreicher stimulieren.

Zurück zum Hochsprung-Vergleich: Natürlich kann es etwas bringen, wenn man gezielt einzelne Fähigkeiten trainiert. Sprungkraft aus dem Stand ist sicherlich nützlich. Sie können auch isoliertes Schnelligkeitstraining oder Stretching für die Muskeln machen, um geschmeidig auf die Matte zu springen. Aber letztendlich muss alles in das gesamte Bewegungsmuster eingebaut werden. Genauso können Sie auch mit Hirnjogging-Programmen „trainieren" und zum Beispiel lernen, unter Zeitdruck konzentriert zu bleiben. Doch isoliert haben solche Übungen keinen Sinn. Es sind quasi „geistige Trockenübungen", die in ein Gesamtwerk integriert werden müssen – und gerade das trainieren Sie beim Hirnjogging nicht!

Der Hirn-Muskel

Da ich mit meiner Hochsprung-Analogie selbst dem Gehirnmuskel-Mythos Vorschub geleistet habe, sage ich es jetzt hier in aller Deutlichkeit: Das Gehirn ist kein Muskel!

Es funktioniert aber so ähnlich.

Ja, man kann sowohl ein Gehirn als auch einen Muskel trainieren. So ist das nämlich immer im Körper: Ein Knochen wächst entsprechend der Kräfte, die an ihm zerren, so wird er stabiler. Haut wird in der Sonne dunkler, so verträgt sie schädliche UV-Strahlen besser. Muskeln wachsen und werden größer, wenn man sie intensiv benutzt. Und Gehirne werden - - -

ja, was werden Gehirne eigentlich? Größer? Schwerer? Sonst irgendwie anders?

Was stimmt: Ein Gehirn stellt sich genau wie ein Muskel auf die Anforderungen ein. Im Falle des Muskels ist das ein permanenter Kampf gegen den Verfall. Wenn er nicht benutzt wird, bildet er sich zurück und verkümmert. Wer einmal 6 Wochen einen Gips getragen hat und anschließend sein schlabbriges Gewebe (vormals Muskel) sieht, weiß, wovon ich spreche. Benutzt man den Muskel, ist das ein Signal für die Muskelzellen, zu wachsen. Deswegen werden Muskeln größer, wenn man sie trainiert.

Auch das Gehirn reagiert auf äußere Reize. Wo in der linken Hirnhälfte die Sprachzentren sitzen, ist diese dicker als die rechte Hälfte. Man kann sogar zeigen, dass ein intensives 8-wöchiges Gedächtnistraining (jeden Tag etwa 30 Minuten) zu einer Größenzunahme bestimmter Hirnbereiche führt; vor allem wieder mal im Stirnbereich, wo immer was passiert, wenn man angestrengt denkt.[69]

Doch aufgepasst: Gerade in letzter Zeit mehren sich die Hinweise, dass es nicht die reine Zellmasse ist, die dort zunimmt. Ganz sicher sprießen auch keine neuen Nervenzellen, wenn man sein Gehirn aktiviert, denn neue Neuronen werden im Gehirn, wie Sie mittlerweile wissen, kaum gebildet. Auch die Vorstellung, dass wir „neue Hirnwindungen" ausbilden, wenn wir das Gehirn trainieren, ist Quatsch. Die grobe Architektur verändert sich schließlich kaum. Das ist jedoch anders im Falle der *feinen Architektur* des Netzwerks, der Verkabelung zwischen den Nervenzellen: Und so misst man oftmals eine Verdickung dieser Verbindungsleitungen.

Es stimmt also: Das Gehirn kann seine Struktur an die jeweilige Aufgabe anpassen. Doch das passiert nicht wie beim Muskel nach dem Prinzip: Viel hilft viel. Vielmehr ist entscheidend, wie sich im Gehirn die Kontakte (die Synapsen) zwischen den Nervenzellen anpassen. Wie wir im vorigen Kapitel gesehen haben, geschieht diese Anpassung ohne Anleitung, sondern nach einem Rückkopplungs-Mechanismus: Was oft benutzt wird, wird verstärkt, dann funktioniert es das nächste Mal besser. Unbenutzte Kontakte werden hingegen im Laufe der Zeit abgeschafft, und das Netzwerk gewinnt an Effizienz. Auf diese Weise optimiert sich die Architektur der Nervenzellen ständig. Schritt für Schritt wird es Aufgaben besser lösen können, nicht weil es seine Zellmasse erhöht oder die Kontakte unüberlegt vermehrt, sondern weil Letztere raffiniert angepasst werden. Da kann ein relativ dummer Muskel nicht mithalten. Der wächst ein bisschen, das reicht, um vor dem Spiegel besser auszusehen – mit dem Gehirn leider nicht möglich, es ist auf den ersten Blick (sorry, liebes Gehirn) einfach zu hässlich und liegt auch noch unter einer 7 Millimeter dicken Schädeldecke. Sein wahres Können, der feine Umbau des Netzwerks, liegt im Detail.

Wenn das Verarbeiten von Informationen im Netzwerk für das Lösen von Aufgaben so wichtig ist, wird auch klar, weshalb ein paar Computerspiele dem Gehirn nichts bringen können: Sie aktivieren viel zu kleine Bereiche im Nervenverbund und trainieren Hirnfunktionen isoliert voneinander – so werden Sie nie einen „fernen Transfereffekt" erzielen und Ihre allgemeine geistige Leistungsfähigkeit verbessern. Denn Sie ignorieren völlig die Funktionsweise des Gehirns: Viele Hirnbereiche gleichzeitig auf neue Art zu aktivieren, hat einen viel nachhaltigeren Effekt auf die Architektur des Netzwerks als ein paar Gedächtnisspielchen.

Fazit: Vergessen Sie die Mär vom Gehirnjogging. Wenn es Ihr Ziel ist, Ihre Hirnleistung zu verbessern, tun Sie es im wahren Leben (und nicht vor einem Computerbildschirm). Sich mit Freunden treffen, Sport machen, reden, kochen, Musik spielen, reisen, das fördert Ihr Gehirn allemal mehr als jedes „individuelle Gehirn-Trainings-Programm nach neuesten wissenschaftlichen Erkenntnissen". Die machen vielleicht Spaß, aber uns nicht unbedingt zu intelligenteren Wesen.

Mythos n° 10

Wir lernen in Lerntypen

Als Autor dieses Buches wäre ich sehr froh, wenn Sie, liebe Leserin, verehrter Leser, nicht sofort vergessen, was Sie gerade gelesen haben. Ich habe mir schließlich nicht so viel Mühe gegeben, damit diese Zeilen sogleich im Nirgendwo landen. Das Buch soll Ihnen ja auch was bringen, schließlich hat es Geld gekostet.

Was ist also die beste Möglichkeit, den Inhalt des Buches zu behalten? „Kommt auf den Lerntyp an", werden Sie vielleicht sagen, weil Sie sich ein bisschen auskennen. Wenn Sie der visuelle Typ sind, wird Lesen ausreichen. Als auditiver Typ möchten Sie sich das Buch wahrscheinlich vorlesen lassen. Oder sogar beides auf einmal: In einem Vortrag könnte ich Ihnen das Buch erklären und gleichzeitig hübsche Abbildungen zeigen. Jeder hat seine persönliche Lernvorliebe: Bilder, Text, gesprochene Wörter, manche schreiben sich die Dinge am liebsten auf oder lernen mit Musik.

Nicht nur in der Schule oder in Volkshochschulkursen, sondern auch in der Psychologie ist dieses Lerntypen-Denken populär: dass ein jeder seinen Lernstil habe, seinen Lieblings-Lernkanal, über den er am besten neue Informationen aufnehmen kann. Besonders bekannt sind die oben schon kurz erwähnten „Sinnestypen": Der eine lerne visuell, der nächste auditiv, ein anderer haptisch/motorisch (der klassische „Muss-ich-mir-aufschreiben-Typ") oder kommunikativ (der über alles sprechen muss). Das scheint auf den ersten Blick logisch zu sein, schließlich gibt es auch in Intelligenztests diese Unterscheidungen: Manche haben eine höhere „visuelle Intelligenz" und können im Geiste hurtig Würfel rotieren, andere sind sprachbegabt und jonglieren mit Wörtern. Ist es da nicht naheliegend, dass diese „Typen" auch unterschiedlich lernen?

So kann man es sich einfach machen und zum Beispiel das Vokabellernen optimieren – zuerst wird der individuelle Lerntyp bestimmt (wie lernen Sie also am besten, indem Sie die Vokabeln sehen, hören, aufschreiben oder sprechen?). Einmal festgestellt, kann man dann diesen Lerntyp nutzen und sich gezielt ans Auswendiglernen machen. Bringt ja nichts, sich die Vokabeln immer aufzuschreiben, wo man doch eigentlich am besten lernt, indem man die Wörter hört – so kann man viel Zeit sparen.

Drei Vorteile hat das Denken in Lerntypen: Es kommt erstens unserem Bedürfnis entgegen, etwas Besonderes zu sein. Auf einmal ist man nicht mehr jemand, der die Konjugation unregelmäßiger altgriechischer Verben schlicht nicht kapiert, sondern der „audio-haptische integrative Typ" – und der braucht eben ein spezielles Lernprogramm. Zweitens suggeriert es, dass es ganz easy ist, besser zu lernen – einfach eine Lern-Typisierung durchführen und danach gezielt trainieren. Und drittens ist es eine prima Ausrede: Wenn es mal nicht geklappt hat mit dem Lernen, war es im Zweifel die falsche Methode, man selbst „lernt einfach nun mal ein wenig anders".

Mit dem Lerntypisieren kann man zudem eine Menge Geld machen. Da werden Kurse angeboten, in denen man das „Lernen lernen" kann. Sie können Bücher kaufen, die Ihnen erklären, wie Sie sich am besten auf die nächste Prüfung vorbereiten – ganz individuell an Ihren Lerntyp angepasst. Oder Sie bestimmen mit Computerprogrammen und Smartphone-Apps ganz flott, was Ihren Lernstil so besonders macht.

Ich hoffe daher, dass Sie bereits wissen, welcher Lerntyp Sie sind. Dann vergessen Sie nicht ganz so schnell, was auf den nächsten Seiten geschrieben steht.

Der Lerntyp im Test

Bevor es so richtig losgeht, habe ich jedoch eine Bitte an Sie: dass Sie ausnahmsweise einmal etwas *verlernen*! Nämlich, dass es diese Lerntypen überhaupt gibt.

Kein wissenschaftliches Experiment hat diese Lerntypen bisher bestätigen können. Im Gegenteil: Die Lernleistung hängt nicht im Geringsten davon ab, ob man Informationen nach seinem angeblichen Lieblings-Lernschema verarbeitet oder nicht. Testpersonen (Vertreter vermeintlich unterschiedlicher Lerntypen) lernen Informationen immer gleich gut. Ob Sie dabei besonders viel visuelle oder akustische Hilfe bekommen, ist völlig egal.[70] Genauso spielt es keine Rolle, ob die Informationen als Bild oder Ton dargeboten werden. Bilder werden immer besser behalten, „auditiver Typ" hin oder her.[71]

Das Lerntypen-Denken ist also ein großer Selbstbetrug, lautet das schlichte Fazit der Wissenschaft.[72] Statistisch lassen sich im Experiment keine unterschiedlichen Lerntypen erkennen und voneinander abgrenzen. Was hingegen auffällt (und gemessen werden kann): Menschen machen gerne den Fehler, auf eine Lerntypisierung reinzufallen. Sie halten sich dann zum Beispiel für einen „visuellen Lerner". Fertig ist die selbsterfüllende Prophezeiung: Weil man denkt, man lerne besser mit Bildern, passt man sein Lernkonzept an. Das Gehirn ist weder ignorant noch blöd und verbessert daraufhin konsequenterweise seine ohnehin schon guten Fähigkeiten, Informationen in Bildform zu verankern. Im Laufe der Zeit werden Sie so tatsächlich zu einem visuellen Lerntypen, ganz einfach, weil Sie das von sich erwartet und deshalb praktiziert haben.

„Moment!", mag da der eine oder andere rufen. Woher kommen dann die offensichtlichen Unterschiede zwischen dem Lernverhalten etwa von Schülern? Manche müssen sich die Sachen doch wirklich unbedingt aufschreiben, andere in einer Lerngruppe darüber diskutieren. Schauen wir uns einmal noch genauer an, wie das Lernen im Gehirn tatsächlich funktioniert.

Potente Nervenzellen

Lernen ist für das Gehirn außerordentlich wichtig. Und ob Sie es glauben oder nicht: Ihr Gehirn lernt unheimlich gerne – verrückt, wo doch Schnellumfragen unter Achtklässlern eines beliebigen Bundeslandes eine gegenteilige Botschaft vermitteln. Ohne den riesigen Spaß des Hirns am Lernen würden wir jedenfalls nie über den Status eines schreienden Babys hinauskommen, auch wenn Sie sich wahrscheinlich nicht mehr daran erinnern können, wie wahnsinnig gerne Sie damals gelernt haben – einige Absätze später wird klarwerden, warum.

Lernen bezeichnet den Erwerb von neuem Verhalten oder einer neuen Information. Neue Informationen werden im Gehirn aber nicht wie auf einer Festplatte abgelegt. Eine Information im Gehirn ist in der Architektur des Nervennetzwerks gespeichert. Ein Beispiel: Sie sehen einen leckeren Käsekuchen. Er duftet herrlich und sieht wunderbar goldgelb aus. In diesem Moment ist Ihr Netzwerk im Gehirn auf eine ganz bestimmte käsekuchentypische Art und Weise aktiviert worden, da wirken Regionen mit, die Gerüche verarbeiten, und Bilder, und Gefühle, und Geschmack, und Erinnerungen, und all diese kleineren Aktivierungen tragen zur Gesamtaktivität des Netzwerks bei. Genau dieses „Aufflackern" im Neuronennetz, das ist der Käsekuchen in seiner ganzen Pracht.

Wenn wir nun auf eine neue Information treffen, wird das Netzwerk zum ersten Mal auf diese ganz bestimmte Weise aktiviert. Ist die Information weg – der Käsekuchen aufgegessen –, ist auch das Aktivierungsmuster wieder weg. Das ist blöd, denn man will sich die Information ja merken. „Merken" bedeutet dabei nichts anderes, als dass Sie dieses Aktivierungsmuster erneut und viel leichter als beim ersten Mal abrufen können. Damit das klappt, passt sich das Netzwerk an die Stimulation an, denn es ist *plastisch*: Die Verbindungen zwischen den Nervenzellen registrieren, wenn sie benutzt werden – ich hoffe, dass Ihr Gedächtnis gut funktioniert und Sie

Wir lernen in Lerntypen

sich an das vorvorherige Kapitel erinnern, dort war schon die Rede davon, dass benutzte Synapsen ausgebaut werden, unbenutzte absterben. Genau das passiert, wenn eine neue Information eintrifft und das Netzwerk ganz charakteristisch aktiviert. So formt es sich nach dem Bilde seiner Umgebung.

Diesem Phänomen liegt ein biologischer Prozess zugrunde, den man Hebb-Regel nennt (aufgestellt 1949 vom amerikanischen Biologen Donald Hebb und mit heutigen Experimenten mittlerweile gut bestätigt). Man kennt das aus dem wirklichen Leben, wenn man den Kontakt zu einem lieben Menschen aufrechterhalten will, dann muss man sich um ihn kümmern, sonst reißt die Verbindung ab. Genauso ist es auch im Nervensystem. Wenn eine Nervenzelle immer wieder von einer anderen erregt wird, wird die Verbindung dauerhaft verbessert, damit die Aktivierung auch in Zukunft leichter vonstattengeht. Die biochemische Grundlage heißt Langzeitpotenzierung – und hier ist der Name Programm: Wenn sich Nervenzellen häufig erregen, potenziert sich diese Erregung mit der Zeit. Mit anderen Worten: Bei einer erneuten Stimulation verbessert sich die Signalweiterleitung, die Erregung wird stärker sein als zuvor. Dies wird möglich, da die Nervenzellen dann Wachstumsprozesse auslösen und ihre Kontakte, die Synapsen, ausbauen. Genau so, wie wenn eine Autobahn von zwei auf vier Spuren ausgebaut wird, wird auf diese Weise der Informationsfluss strukturell verbessert.

Das Gegenteil der Langzeitpotenzierung ist die Langzeitdepression. Das heißt nicht, dass man dauerhaft depressiv ist, sondern ist ein wichtiges Prinzip, um das neuronale Netzwerk umzubauen. Unbenutzten Synapsen fehlt nämlich die Stimulation, die permanente Aufforderung zum Wachsen und Festigen der Strukturen. Auf Dauer bilden sich die Synapsen also zurück, die Signalweiterleitung wird langfristig deprimiert, also abgeschwächt.

Klingt alles kompliziert, deswegen in Kurzform: Eine Information (die man lernen will) trifft auf das Nervennetzwerk, dieses wird charakteristisch aktiviert (jede Information hat ihren „Aktivitäts-Fingerabdruck"), daraufhin passen die Nervenzellen ihre Verbindungen an (was gut war, wird besser, was nicht gebraucht wird, kommt weg), beim nächsten Mal kann das Aktivierungsmuster leichter reproduziert werden, das Netzwerk hat gelernt.

Das ist sehr wichtig und wird genauso oft missverstanden, denn es geht nicht darum, neue Synapsen, neue Nervenzellen, neue Verbindungen aufzubauen. Ja, das passiert *auch*! Und häufiges Training vergrößert Hirnbereiche (die Sprachzentren wachsen zum Beispiel im Laufe des Lebens, je mehr wir sie benutzen). Doch mindestens genauso wichtig ist der Abbau von Verbindungen. Erst wenn das Netzwerk die nötige Plastizität bekommt, die Fähigkeit, sich neuen Reizen und Informationen dynamisch anzupassen, kann es auch neue Dinge lernen. Je mehr Möglichkeiten es gibt, wie sich das Netzwerk verändern und seine Architektur optimieren kann, desto besser und effizienter wird die Informationsverarbeitung sein. Es ist wie im wirklichen Leben: Wenn man Krempel nicht wegräumt, steht er nur im Weg rum. Genauso sind auch unbenutzte Synapsen im Weg, benötigen permanent Energie und verkomplizieren den Informationsfluss. Weg damit, denn manchmal ist weniger mehr.

Gerade in den ersten Lebensjahren wird von diesem Absterben (der Fachmann spricht vom *pruning*, dem Zurechtstutzen) reger Gebrauch gemacht. Es ist übrigens der Grund dafür, dass wir uns nicht an unsere Geburt erinnern können: Zu diesem Zeitpunkt ist das Gehirn übermäßig plastisch und wirft Unmengen an überschüssigen Synapsen und Nervenzellen weg, da bleiben die Erinnerungen auf der Strecke. Erst mal muss das Gehirn die grundlegenden Verschaltungen ausbilden und behält daher lieber Denkmuster (also Verfahren, um überhaupt mal richtig zu denken) als konkrete Erinnerungen. Eine gute Entscheidung, wie ich finde. Ich kann jedenfalls auf das Bild eines blutüberströmten Kreißsaals und das Gesicht meiner von meinem Anblick geschockten Eltern gut verzichten.

Der Hirn-Klugscheißer

Dieses Lernkonzept des Hirns macht wieder sehr schön klar, dass es sinnvoll ist, das Netzwerk möglichst vielfältig zu stimulieren. Je umfangreicher die „Aktivitäts-Spur" ist, die eine Information in einem Netzwerk auslöst, desto leichter lässt sich das Netzwerk später wieder aktivieren (also die Information abrufen). Beispiel Käsekuchen: Ihr erster Kontakt mit diesem Backwerk fand vielleicht in der Küche Ihrer Oma statt. Sie haben den frischen Geruch des Kuchens in der Nase, seinen saftigen Geschmack im Mund, die goldgelbe Bräunung vor Augen, hören, wie das Kuchenmesser das gebackene Rund zerteilt, und spüren, wie es sich anfühlt, den schmackhaften Kuchen zu kauen. Da sagt Ihre Oma: „Schmeckt er dir denn auch, mein Käsekuchen?" Diese Information, dass es sich bei dem Objekt der Begierde um Omas Käsekuchen handelt, werden Sie nie wieder vergessen.

Ein solches Ereignis „brennt" sich förmlich in Ihr Gedächtnis ein, denn das Aktivierungsmuster ist breit und robust. Das ist bei Lateinvokabeln leider selten der Fall, weisen sie doch ein weniger weitläufiges Aktivitätsmuster auf und duften sie vor allem nicht so gut. Umso intensiver muss man sie pauken, damit sich die Verschaltungen anpassen.

Dabei hilft uns der Hippocampus, eine Art Kurzzeitspeicher, der neue Informationen schnell verschalten kann. Damit diese aber auch dauerhaft im Großhirn gespeichert werden, holt der Hippocampus dieses kurzzeitige Wissen immer wieder hervor und präsentiert es stolz dem Großhirn. Wie ein Klugscheißer geht der Hippocampus dem Großhirn, das eigentlich recht träge ist bei der Aufnahme neuer Informationen, ständig mit seinem Expertenwissen auf den Nerv. Er erregt die Großhirnbereiche immer wieder aufs Neue, lässt immer wieder spezifische Aktivierungsmuster entstehen. Die Nervenzellen haben so viele Gelegenheiten, ihre Verknüpfungen anzupassen, denn sie bekommen die Stimulation nicht nur einmal, sondern häufig mit. Man könnte sagen: Der Hippocampus prügelt dem Großhirn wichtiges Wissen geradezu ein. Denn einmal im Großhirn verankert (in Form von effektiven Verschaltungen im Netzwerk), geht es so schnell nicht wieder verloren.

Clever lernen

Unser Gehirn denkt also im Netzwerk und lernt Neues, indem es die feine Architektur seiner Nervenzellverbindungen anpasst. Informationen werden verteilt verarbeitet, da bringt es wenig, nur einen einzigen Lernkanal zu aktivieren. Das Denken in Lerntypen ist schön und gut – und doch nur ein pädagogischer Trick, der die wahren Abläufe im Gehirn unzulässig vereinfacht. Es bringt nichts, nur nach seinem „individuellen Lernstil" Vokabeln zu büffeln. Es entspricht nicht der Art und Weise, wie unser Gehirn tatsächlich lernt. Und es erzeugt die Gefahr, dass man sich auf einen Lernkanal verlässt, anstatt viele Sinne zu aktivieren. Dabei gilt doch: Je ausgedehnter das Aktivierungsmuster, desto besser wird es im Gehirn verankert und desto leichter wird es auch wieder abgerufen. So funktionieren zum Beispiel Eselsbrücken: Entfernte Informationen werden miteinander verknüpft, das Aktivierungsmuster im Netzwerk wird breiter, größer und lässt sich logischerweise dann auch leichter wieder abrufen.

Verlassen Sie sich also nicht darauf, dass Sie der „visuelle Typ" sind. Denn wir alle sind in erster Linie der „Alles-und-überall-Lerntyp". Kombinieren Sie also verschiedene Kanäle, lesen Sie, sagen Sie es sich auf, schreiben Sie es auf, malen Sie Schaubilder, erklären Sie Ihr Wissen anderen. Die ultimative Lerntechnik gibt es nicht. Die Mischung macht's!

Genauso wichtig wie das sinnvolle Aufnehmen neuer Informationen ist aber auch deren Verarbeitung. Dafür ist eins ganz besonders relevant – der Schlaf (dazu später mehr). Studien zeigen klar, dass Schlafentzug die Gedächtnisbildung hindert. Umgekehrt gilt genauso: An das, was kurz vor dem Zubettgehen noch schnell gelesen wird, kann man sich am nächsten Morgen besser erinnern. Ein geistiges Betthupferl sozusagen.

Der Grund dafür könnte der Hippocampus sein, der nächtens besonders viele Verschaltungen moduliert und noch mal eindringlich auf das Großhirn einwirkt. Auch schrieb ich schon vor vier Kapiteln, dass im Hippocampus sogar neue Nervenzellen gebildet werden – und Wachstum und Neuverknüpfungen finden besonders im Schlaf statt.

Merken Sie sich also vor allem eines: Lernen geht besonders gut, wenn man das Gehirn vielfältig stimuliert und oft wiederholt. Dann passt sich das Netzwerk effektiv an die neuen Informationen an.

Den Lerntypen-Mythos haben Sie daher sicher längst verlernt. Er unterschätzt, wie toll Ihr Gehirn tatsächlich arbeitet und wie viel es kann (als könnte man mit einem einzigen Lerntrick dem evolutionären Wunderwerk der Informationsverarbeitung in Ihrem Kopf gerecht werden). Denn Lerntypen-Denken führt zu Lernmonokulturen, und die hat Ihr Gehirn gar nicht gern.

Mythos n° 11

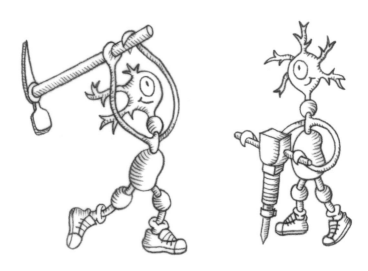

Die kleinen grauen Zellen
machen die ganze Arbeit

An dieser Aussage stimmt nur eine Sache wirklich: dass es sich um Zellen handelt. Alles andere ist so nicht korrekt und bedarf einer zellbiologischen Erörterung. Die will ich gerne geben, schließlich will ich ja nicht umsonst als Zellbiologe gearbeitet haben.

Auch dieser Neuromythos zeigt wieder einmal, wie schnell man irgendeinen Unsinn weiterverbreitet, nur weil er sich eingängig anhört. „Kleine graue Zellen", das klingt schon so gemütlich und vertraut, dabei geht es im Gehirn viel spektakulärer zu. „Die ganze Arbeit" – das ist auch so eine Sache, denn die meisten denken, dass nur Denken im Gehirn stattfindet. Stimmt aber nicht, denn genauso wichtig wie die Informationsverarbeitung ist es, dass die Nervenzellen bei ihrem Job unterstützt werden. Denn Denken können sie nicht alleine. Schluss also mit all diesen Missverständnissen, auf zur Zellbiologie unseres Gehirns.

Die Größe

Auf den ersten Blick sind Nervenzellen wirklich klein. Nun gut, welche Zelle ist das nicht? Um überhaupt eine vernünftig sehen zu können, braucht man schon ein Mikroskop mit mindestens 200-facher Vergrößerung. Also ja, es stimmt irgendwie schon, dass auch Nervenzellen klein sind. Insbesondere wenn man die Größe ihres Zellkörpers betrachtet, der ist wirklich ziemlich filigran: 10 Mikrometer misst er im Durchschnitt, ein Tennisball ist 5000 Mal größer.

In diesem Zellkörper liegt das Wichtigste, was eine Nervenzelle hat. Das wären vor allem der Zellkern selbst (mit der Erbinformation), aber auch wichtige Zellbestandteile für den Energiestoffwechsel, die Produktion von Proteinen und deren Verteilung. 10 Mikrometer sind dafür wirklich wenig. Bindegewebs- oder Leberzellen können schnell mal doppelt so groß werden. Und der wahre Riese unter den Zellen ist sowieso die weibliche Eizelle. Fast 10 Mal größer wird sie als der Zellkernbereich einer Nervenzelle, und 20 Mal größer als der Kern eines Spermiums. Spätestens jetzt dürfte klar sein, wer das Sagen bei der Befruchtung hat.

Doch wenn man sich nur auf den Kern einer Nervenzelle konzentriert, entgeht einem das Beste: Die unfassbar langen Ausläufer, die *Neuriten*. Damit Nervenzellen mit anderen Neuronen in Kontakt treten können, entsenden sie eine besonders lange Nervenfaser: das *Axon* (vom griechischen Wort für Achse). Das ist quasi die „Sendeantenne", über die ein Neuron seine Information an andere Nervenzellen loswird. Damit eine Nervenzelle jedoch auch mitbekommt, was um sie herum passiert, bildet sie zudem viele kleine „Empfangsantennen" aus, die *Dendriten* (griechisch für „Bäumchen"). Über diese Dendriten sind die anderen Neuronen an eine Nervenzelle gekoppelt, die meisten Synapsen docken hier an.

Wer denkt, Neuronen würden wie wild mit Axonen um sich werfen, um sich mit ganz vielen anderen Zellen zu verbinden, irrt sich gewaltig, denn Nervenzellen bilden nur ein einziges Axon aus. Immer, ohne Ausnahme. Über dieses eine Axon läuft der gesamte Informationsfluss und bietet der Zelle einen Riesenvorteil: Sie muss nur ein einziges Mal einen Nervenimpuls erzeugen, der dann über ein einziges Axon entsendet wird. Fairerweise muss ich jedoch sagen, dass sich dieses Axon später aufteilt und viele Tausend Synapsen mit anderen Zellen bilden kann. Denn natürlich sind Nervenzellen echte Kommunikationswunder und sprechen gleichzeitig mit bis zu 100 000 anderen Kollegen – und die hören auch noch alle aufmerksam zu, das will ich bei einer Universitäts-Vorlesung erst mal erleben (und da sitzen nur wenige Hundert Studenten).

Diese Axone machen Nervenzellen in Wirklichkeit zu den größten Zellen im Körper, denn sie können sehr lang werden. Man denke nur an die Nervenzellen, die Bewegungsimpulse vom Rückenmark bis in die Fußspitzen leiten, da kommt schnell mal ein Meter Länge zusammen. Hätte ein Tennisball einen so langen Ausläufer, wäre der etwa so dick wie ein Bleistift und mehr als fünf Kilometer lang.

Fazit: Nervenzellen haben einen kleinen Zellkörperbereich, aber sehr lange Ausläufer. Sie sind alles andere als klein, sondern durchspannen den gesamten Körper. So werden einige besonders lange Nervenzellen im Rückenmark zu den größten Zellen überhaupt.

Die Farbe

Eine tolle Frage: Welche Farbe hat eigentlich unser Gehirn?

Wenn Sie einen Schädel aufschneiden und auf ein frisches Gehirn blicken, dann ist es alles – aber nicht grau. Eine blutüberströmte, weißliche, glibberige Masse aus Eiweiß und Fett. Als wäre das alles mit Gewalt in den Kopf gequetscht worden, schlängeln sich die wulstigen Windungen und Furchen durcheinander und machen das Gehirn auf den ersten Blick einfach nur eins: potthässlich. Nichts ist es mit einem edlen „Sitz der Seele", die in einer grauen, sterilen und sauber geordneten Denkzentrale thront. Wenn überhaupt, hat sie sich in einem glitschigen Gewebe breit gemacht, das aussieht, als hätte man einen Küchenschwamm in eine Dose gepresst. Kein Wunder, dass man zu Halloween Plastik-Gehirne zum Gruseln kaufen kann, denn das Gehirn ist optisch wirklich kein Angeber-Organ.

Doch obwohl das Gehirn auf den ersten Blick wirklich nicht viel hermacht, ist es auf den zweiten Blick ein Schmuckstück. Wenn man nämlich genauer hinschaut, offenbart sich seine ganze Schönheit: Kein anderes Organ ist auch nur annähernd so komplex und pedantisch geordnet wie ein Gehirn. Denn es ist nicht einfach mit Nervenzellen vollgestopft, sondern alle Strukturen sind wundervoll geordnet – leider muss man dazu mit dem Mikroskop sehr genau hinschauen, denn so kleine Zellen übersieht man leicht. Manches Ordnungsmuster fällt jedoch auch dem ungeübten Auge sofort auf: Wenn man ein Gehirn durchschneidet und von vorne auf diesen Querschnitt blickt, erkennt man zwei farblich voneinander getrennte Gebiete – einen äußeren dunklen Rand in der Rinde des Großhirns, und einen helleren Bereich in der Mitte. Damit man es strebsamen Medizin-Studenten beim Lernen einfach macht, nennt man den Rindenbereich „graue Substanz" und das weiter innen liegende Gewebe „weiße Substanz".

Wie ich soeben schrieb, kann man ein Neuron in zwei Bereiche unterteilen: den Zellkörperbereich (klein, aber fein) und den weitläufigen Nervenfaserbereich (das lange Axon, das sich später aufspaltet und Kontaktstellen bildet). In der grauen Substanz des Großhirns sitzen vor allem die Nervenzellkörper – so dicht gepackt, dass das Gewebe dunkler ist. In der weißen Substanz verlaufen hingegen viele Nervenfasern, die von einer fettreichen Isolierhülle umgeben sind, die dieses Gewebe heller färbt. Nervenzellen liegen also sowohl in der grauen als auch in der weißen Substanz und haben keine Standardfarbe. Dass die graue Substanz im Gehirn dunkler ist, liegt einfach daran, dass dort die Nervenzellen dichter zusammengepresst sind. Sie selbst sind mehr oder weniger farblos. In einer Zellkulturschale im Labor muss man sie schon sehr genau suchen, denn sie sind nahezu durchsichtig.

Eine Ausnahme gibt es jedoch im Gehirn, die *Substantia nigra*, die schwarze Substanz. Schwarz deswegen, weil dort bestimmte Neuronen einen dunklen Farbstoff, das Melanin, bilden. Warum sie das tun, weiß kein Mensch. Schließlich braucht sich ein Gehirn in seinem tiefsten Innern nicht hübsch zu machen, nur damit einige wenige Anatomen beeindruckt sind.

Was jedoch passiert, wenn diese schwarzen Neuronen absterben, ist umso klarer: Es ist die Ursache der Parkinson-Erkrankung, denn diese Nervenzellen sind wichtige Kontrolleure von Bewegungsabläufen.

Fazit: Nervenzellen sind farblos und bilden nur dann ein gräuliches Gewebe, wenn man sie dicht zusammenpackt. Dass manche Gehirne übrigens grau schimmern, liegt daran, dass sie jahrelang in einem Glas voller konservierender Flüssigkeit vor sich hingedümpelt haben. Das ist jedoch nicht der natürliche Zustand eines Gehirns. Frische Gehirne sind hell und blutig.

Die Zellen im Gehirn

Nervenzellen halten sich für die Größten und Besten. Mit einiger Berechtigung. Nervenzellen sind die coolen Cyberzellen im Gehirn, die alle Informationen neu kombinieren, verrechnen und dadurch tolle Gedanken erzeugen. Suchen Sie mal im Internet nach Begriffen wie „Nervenzellen im Netz", dann finden Sie vor allem eines: Nervenzellen, hübsch eingefärbt (Unsinn, wie Sie jetzt wissen), tauschen mit anderen Nervenzellen Impulse aus. Überall blitzt und blinkt es im Netzwerk, das sich in einem großen, leeren Raum befindet.

Sekunde mal! Das Gehirn überwiegend leer? Gewiss, den Eindruck kann man bei manchen Zeitgenossen bekommen, doch natürlich sind auch solche Bilder grober Unfug und begünstigen einen weiteren Neuromythos: dass nämlich das Gehirn ausschließlich aus Nervenzellen besteht – und sich dazwischen außer den Verbindungen eben leerer Raum befindet.

Eine Nervenzelle kann nicht besonders viel: viele verschiedene Nervenimpulse empfangen und einen neuen erzeugen – das war's. Kommunizieren und mit anderen Zellen tratschen, darauf haben sich Neuronen konzentriert. Macht man das jedoch sehr intensiv, kommt man kaum noch zu anderen Dingen: essen, aufräumen, Körperpflege, all das fällt flach – dauerchattende Pubertierende sind dafür Beweis genug! Nun können es sich Nervenzellen nicht leisten, optisch und metabolisch zu verrohen, deswegen haben sie sich Support geholt: Helferzellen, die die Nervenzellen bei ihrer Arbeit unterstützen. Neuronen sind deswegen auch niemals alleine, sondern sitzen zwischen diesen Helfern, die den ganzen Raum im Gehirn auffüllen. Der Neurobiologe sagt natürlich nicht „Helferzelle" (das wäre auch viel zu banal), sondern „Gliazelle". Klingt wissenschaftlich, ist aber auch nur Fachsprache dafür, dass diese unterstützenden Zellen wie ein schleimiger Kitt (vom griechischen Wort *glia* – Glibber, Kleber) zwischen den Nervenzellen sitzen.

Gliazellen helfen also den Nervenzellen. Das fängt schon beim Grundlegendsten an: dem Stoffwechsel.[73] Nervenzellen setzen ja eine ganze Menge Energie um. Und genauso wie sich ein jugendlicher Computerspieler auf einer LAN-Party von einem Pizza-Dienst beliefern lässt, bewegen sich auch Nervenzellen nicht vom Fleck und lassen sich mit Essen versorgen. Diesen Job übernehmen die Astrocyten. Astrocyten bewegen sich zwar auch nicht besonders viel im Nervensystem, aber sie haben eine tolle Fähigkeit: Sie können Zucker aus der Blutbahn aufnehmen, speichern, halb verdauen und dieses Stoffwechselzwischenprodukt für die Neuronen ausscheiden. Diese nutzen das anschließend, um ihren Energiebedarf zu decken. Im Prinzip ernähren sich die ach so wichtigen Nervenzellen also vom Abfall der Astrocyten. Das nenne ich mal gute Stimmung im Gehirn.

Astrocyten können aber viel mehr. Ihre langen Ausläufer entsenden sie sternförmig (daher ihr Name) ins Nervenzellen-Geflecht und stehen dadurch in Kontakt mit allen Nervenzellen. So regulieren sie den Elektrolythaushalt – unabdingbar für die Weiterleitung von Nervenimpulsen. Sie transportieren Abfallstoffe weg, bauen freigesetzte Botenstoffe ab und regulieren auf diese Weise die Impulsweiterleitung. Sie bilden eine nahezu undurchlässige Barriere zwischen dem exklusiven Nervengewebe und der Blutbahn: die Blut-Hirn-Schranke, die das

Gehirn von dem ganzen Stoffgemisch im Blut abschottet. So schützen sie das empfindliche System der Nervenzellen vor äußeren Einflüssen und riegeln es gegen Eindringlinge hermetisch ab. Sie füllen den gesamten Raum im Gehirn auf und kontrollieren permanent die Verfügbarkeit von wichtigen Stoffwechselprodukten. Kurz gesagt: Sie machen die ganze Drecksarbeit, für die sich ein Neuron zu schade ist.

Und noch mehr, denn in der letzten Zeit mehren sich die Hinweise, dass Astrocyten sogar aktiv an der Informationsverarbeitung mitwirken. So reagieren sie ebenfalls auf elektrische Stimulation und verändern ihr chemisches Potenzial.[74] Sie antworten also auf externe Reize, zwar nicht ganz so ausgefeilt wie Neuronen, doch es wird immer klarer, dass Astrocyten mehr sind als eine dumme Füllmasse zwischen den klugen Nervenzellen. Zusammen bilden die beiden Zellarten ein eingespieltes Team.

Die Glia-Connection

Astrocyten sind nicht die einzigen Gliazellen, die den Nervenzellen helfen. Beispiel Nervenfasern: Ohne Isolation sind robuste Nervenimpulse überhaupt nicht machbar. Ein normales Stromkabel, was man so kennt, ist ja auch mit einer Gummihülle isoliert. Praktisch, denn so kann man es anfassen, ohne gleich einen Schlag zu kriegen, und mehrere Kabel auch noch zu dichten Bündeln zusammenpacken.

Das ist auch für das Gehirn sehr wichtig, denn: Es ist wenig Platz in unserem Schädel, und der muss gut genutzt werden. Damit Nervenfasern gebündelt werden und überdies die Impulsweiterleitung verbessert wird, gibt es die Oligodendroglia.[75] Ein komplizierter Name (griechisch für „einige Bäumchen"), doch eigentlich beschreibt er wieder nur die Form dieser Helferzellen: Sie bilden kurze Ausläufer, so wie ein Baum kleine Äste bildet. Diese Ausläufer umschlingen eine oder mehrere Nervenfasern und bilden eine dicke eiweiß- und fetthaltige

Hülle. Aber nicht überall, sondern immer nur abschnittsweise, kleine Lücken bleiben zwischen diesen Isolierhüllen frei. Das hört sich komisch an, schließlich ist ein gewöhnliches Isolierkabel auch nicht bröselig von vielen Löchern durchsetzt. Doch im Falle der Nervenfasern hat diese abschnittsweise Isolierung einen riesigen Vorteil, denn sie beschleunigt die Weiterleitung eines Nervenimpulses ganz enorm.

Wenn nämlich ein elektrischer Impuls an der Nervenfaser entlangwandert, erzeugt er ein elektrisches Feld. Dieses Feld ist recht schwach, aber stark genug, dass es gerade so über die Isolierung der Nervenfaser von einer Lücke zur nächsten reicht. Dort wird dieses Feld verstärkt, sodass es wieder zur nächsten Lücke gelangt. Der Nervenimpuls wandert also nicht langsam die ganze Faser entlang, sondern er springt über die Isolierung von Lücke zu Lücke – und zwar sehr rasant mit über 400 km/h. Ohne diese Isolierung würde er träge mit 10 km/h an der Faser entlangbummeln.

Auch hier ist das Teamwork entscheidend. Ohne die helfenden Gliazellen könnten die Neuronen niemals so zügig ihre Informationen austauschen. Und schnelle Informationsübertragung ist elementar. Versuchen Sie mal, mit einem Modem eine aktuelle Internetseite aufzurufen – das nervt ganz schön. Nervig geht es auch im Gehirn zu, doch hier werden die Nervenfasern permanent von den Gliazellen umsorgt und geschützt. Wie wichtig das ist, sieht man bei Krankheiten wie Multipler Sklerose (der Name bedeutet so viel wie „vielfache Verhärtung", da das Nervengewebe auf Dauer vernarbt). Bei diesem Nervenleiden sterben die isolierenden Gliazellen mitsamt der Schutzhülle um die Nervenfasern ab. Ohne diese Isolierung bricht jedoch auch die Impulsweiterleitung zusammen und die Nerven degenerieren. Schlimmer noch: Die absterbenden Gliazellen locken Immunzellen an, die das Nervengewebe entzünden und so weiter schädigen. Leider ist bis heute noch nicht bekannt, wie diese Krankheit überhaupt entsteht und wer Schuld hat: die absterbenden Gliazellen, die überreagierenden Immunzellen, vielleicht auch die Nervenzellen selbst. Viel Arbeit für die Hirnforscher der Zukunft.

Der Hirn-Schlägertrupp

Auch im Nervengewebe gibt es also Immunzellen, die für Recht und Ordnung sorgen. Dabei muss man immer vorsichtig zu Werke gehen, denn das Nervensystem ist empfindlich und ein ziemlich ungeeigneter Ort für eine ausgiebige Schlägerei mit Mikroben aller Art. Auf diese Arbeit hat sich daher ein dritter Typ Gliazellen spezialisiert: die Mikroglia.[76] Der Name legt es nahe: Sie sind klein. Das müssen sie auch sein, denn sie halten sich im Gehirn versteckt und passen auf, dass niemand Unbefugtes den „Hochsicherheitstrakt Gehirn" betritt. Strenggenommen sind es eigentlich auch keine „echten Gliazellen", sondern sie entstammen dem Knochenmark (und nicht dem Hirngewebe, wie die anderen Gliazellen). Es sind Immunzellen ähnlich wie die weißen Blutkörperchen, doch sie wurden extra vom Gehirn rekrutiert, wie Söldner, um dort ihren Spezialjob zu erledigen.

Mikroglia sind Hausmeister und Security in einem. Sie räumen abgestorbene Zelltrümmer weg und helfen, das Gehirn immer schön sauber zu halten. Unauffällig verrichten sie ihren Dienst und führen ein gemütliches Leben zwischen den anderen Zellen – bis das Gehirn mal angegriffen wird. Dann zeigen sie ihr wahres Gesicht. Denn Mikroglia sind ein schneller Eingreiftrupp und werden sogleich aktiv, wenn Eindringlinge (wie Bakterien) ins Gehirn gelangen. Sofort wandern sie zügig durch das Hirngewebe, teilen sich dabei und werden zu aggressiven Schlägern, die Entzündungsstoffe auf die Angreifer schütten. Dabei gehen sie nicht gerade zurückhaltend zu Werke, denn diese chemische Keule ist für Nervenzellen genauso giftig wie für Mikroben. Oftmals schädigt eine solche Entzündungsreaktion daher auch das Nervengeflecht (wie bei der Multiplen Sklerose). Trotzdem sind sie unentbehrlich.

Ohne Security wären die Nervenzellen nämlich völlig schutzlos möglichen Eindringlingen ausgeliefert.

Die wahren Helden

Selbst wenn man also sagen würde: „Die großen unfarbigen Zellen machen die ganze Arbeit im Gehirn", würde dies nicht stimmen. Denn ein Großteil der Arbeit wird von den Gliazellen übernommen, die die Nervenzellen unterstützen. Selbst die Gliazellen sind nicht vor Mythen gefeit, und so wird manchmal halbwissend behauptet, dass es 10 Mal mehr Gliazellen als eigentliche Nervenzellen im Gehirn gäbe. Stimmt aber nicht. Das Verhältnis liegt deutlich näher bei 1:1, wenngleich es ein wenig mehr Gliazellen zu geben scheint.

Fazit: Hirnarbeit ist Teamwork. Ohne Gliazellen ginge nichts. Nervenzellen sind Spezialisten für Nervenimpulse und brauchen eine verlässliche Mannschaft, die sich um Ernährung, Isolierung der Fasern und die Sicherheit kümmert. Dabei sind Gliazellen mehr als eine stumpfsinnige Füllmasse zwischen den tollen Neuronen, für die sie sich selbstlos aufopfern – und ernten doch nichts von deren Ruhm. Bis jetzt.

Mythos n° 12

Endorphine machen high

Ja, stimmt! Können Sie abhaken, der Mythos ist korrekt: Endorphine geben uns den Kick. Wem das genügt, der kann gerne zum nächsten Kapitel springen. Wer aber wissen will, wie die Wahrheit über den Endorphin-Rausch genau aussieht, der wird sich auf den nächsten Seiten wundern.

Endorphine haben ja einen klasse Ruf: Sie gelten allgemein als die „Glückshormone" im Körper. Und wer gut drauf ist, behauptet schnell, viele Endorphine im Blut zu haben. „High-Sein" und Endorphine, das gehört irgendwie zusammen.

Doch schon hier fangen die Missverständnisse an, „Glückshormone" kann es nämlich gar nicht geben, und Endorphine sind auch nicht hauptsächlich dazu da, um uns zu beglücken. Als Wissenschaftler sehe ich mich daher verpflichtet, hiermit einige populäre Halbwahrheiten über Euphorie und Endorphine aus dem Weg zu räumen. Wie ist das also genau mit diesen „Glücksbotenstoffen"? Wie wirken sie? Und was passiert überhaupt beim „High-Sein"?

Am Anfang war die Droge

Endorphine, der Name legt es nahe, sind „endogene Morphine". Sie werden vom Körper selbst hergestellt. So präzise die Wissenschaft in ihrer Wortwahl oft ist, hier liegt sie voll daneben, denn Endorphine sind tatsächlich gar keine „körpereigenen Morphine". Die Dummheit dieser Wortschöpfung wird verständlich, wenn man sich anschaut, wie die Endorphine entdeckt wurden, das ist nämlich noch gar nicht so lange her.

Mythos n° 12

Bevor der Mensch überhaupt wusste, dass es Endorphine gibt, hatte er schon längst begonnen, sich mit Morphinen zu berauschen. Geht eigentlich auch ganz leicht: einfach die Samenkapseln vom Schlafmohn anritzen, die herausfließende klebrige Flüssigkeit aufs Brot schmieren und reinbeißen. In diesem Saft, dem Opium (vom lateinischen Wort für „Mohnsaft"), befinden sich nämlich schon genügend Pflanzenstoffe, die einen Effekt auf die Hirnaktivität haben. Einer der wichtigsten psychoaktiven Inhaltsstoffe dieses Opiums ist eben jenes Morphin, das nach dem griechischen Gott des Schlafes (Morpheus) benannt wurde. Morphin macht auch ganz schön platt, aber an Schlafen ist dabei trotzdem nicht zu denken. Jahrtausendelang erfreuten sich Menschen also an Opium-Räuschen, obwohl keiner wusste, wie es wirkt. Aber das war ihnen wahrscheinlich auch egal.

Erst in den 1970er Jahren entdeckte man, dass Morphin an sogenannte Opioid-Rezeptoren in Gehirn und Rückenmark bindet und so seine Wirkung entfaltet. Rezeptoren sind die Vermittler zwischen Botenstoff und Zelle: Erst wenn ein Signalmolekül an einen solchen Rezeptor bindet, kann die Zelle auch darauf reagieren. Und wie wir in Kürze sehen werden, sind diese Rezeptoren viel wichtiger als die Stoffe, die an ihn binden.

Nun stellt sich aber beim Opioid-Rezeptor schnell die Frage: Wozu um alles in der Welt hat sich ein Rezeptor im Gehirn entwickelt, der auf Opiate anspringt? Die Natur hat es wohl kaum für uns vorgesehen, dass wir den Pflanzensaft von Schlafmohnkapseln ablutschen.

Der körpereigene Kick

Schnell fand man eine Stoffklasse, die im Körper gebildet wird – und die an eben diese Morphin-Rezeptoren bindet. In Erinnerung an ihre morphinähnliche Wirkung nannte man sie Endorphine, obwohl diese strukturell nichts mit einem Mor-

Endorphine machen high

phin-Molekül gemeinsam haben. Zur Sicherheit kurz zum Mitschreiben: Wir bilden kein körpereigenes Morphin! Ein Endorphin ist etwa 12 Mal größer als ein Morphin-Molekül (und etwa 200 Mal größer als ein Wassermolekül), und es sieht bis auf einen kleinen Molekülteil auch völlig anders aus. Mit diesem Molekülteil bindet Endorphin an seinen Rezeptor, und nur weil ein Morphin-Molekül diesen Teil nachahmt, kann es überhaupt biologisch wirksam sein. Es gibt vier verschiedene Endorphin-Moleküle, aber wenn wir von „den Endorphinen" sprechen, meinen wir in der Regel das beta-Endorphin – ein Eiweißprodukt aus 31 Aminosäuren, ein Premium-Botenstoff mit ganz besonderen Aufgaben, wie er nicht überall im Körper vorkommt.

Nächste Klarstellung: Endorphine sind nicht in erster Linie dazu da, um uns high zu machen. Ihr wichtigster Job ist die Schmerzkontrolle. Dazu werden sie wie körpereigene Schmerzmittel im Rückenmark ausgeschüttet und wirken auf die dortigen Nervenzellen wie ein Betäubungsmittel: Sie erschweren die Weiterleitung von Schmerzimpulsen und dämpfen so unsere Schmerzempfindung. Das ist besonders wichtig bei körperlicher Belastung. Vielleicht haben Sie es selbst auch schon nicht gespürt: Unter Stress empfinden wir weniger Schmerz und stellen oft erst später fest, dass wir uns irgendwo gestoßen haben. Schwangere stehen eine Geburt überhaupt nur durch, weil sie durch Endorphine schmerztoleranter werden. Und es sind schon Radfahrer mit gebrochenen Wirbeln stundenlang weitergefahren, weil sie den Schmerz unterdrückten. Genau das sind Endorphine bei der Arbeit.

Das ist aber noch nicht alles: Neben ihrer Hauptfunktion als Schmerzkiller hemmen Endorphine die Darmtätigkeit (deswegen gibt es oft Verstopfungen bei Opiat-Therapien) und sind bei der Regulation von Hunger und Körpertemperatur beteiligt. Endorphine können auch in die Blutbahn ausgeschüttet werden, wirken dort auf die weißen Blutkörperchen unseres Immunsystems und regen deren Aktivität an. Nichts ist es also mit einer körpereigenen Droge, dem „Morphin-Botenstoff", der uns bloß den Kick geben soll. Endorphine sind vielmehr wichtige Modulatoren von allerhand Körperfunktionen und können in der Blutbahn sogar wie Hormone wirken.

Sind Endorphine im Blut, hat das auch nichts mit „High-Sein" zu tun. Dafür müssten die Endorphine ins Gehirn – doch das können sie nicht, weil sie viel zu groß sind, um die Blut-Hirn-Schranke zu überwinden (im Gegensatz zum kleinen Morphin-Molekül, das schlüpft schnell durch). Wenn also jemand sagt, er habe „viele Endorphine im Blut", ist das schön für ihn, und er hat vermutlich gerade eine ordentliche Verstopfung. Es bringt aber nichts in Sachen Euphorie-Kick. Deswegen gleich noch eine Richtigstellung: „Glückshormone" gibt es ebenfalls nicht. Denn Hormone, in die Blutbahn ausgeschüttet, wirken nicht als Transmitter im Gehirn. Selbst der Begriff „Glücksbotenstoff" passt nicht zum wahren Wesen der Endorphine, das sehen wir gleich.

Die Mutter aller Glückszentren

Damit Endorphine high machen, müssen sie also auch im Gehirn sein. Und man hört ja immer wieder, dass es im Gehirn „Lustzentren", Regionen des Glücks geben soll, die uns, einmal aktiviert, die ultimative Freude bereiten. Hier gilt: Völlig korrekt, denn das Glückszentrum, das gibt es wohl.

Entdeckt wurde es in den 1950er Jahren, als man Ratten Elektroden ins Gehirn einpflanzte, um ihr Schlafverhalten zu untersuchen. Die Ratten konnten ihre implantierten Elektroden selbst reizen – und wenn diese einen bestimmten Hirnbereich stimulierten, taten die Tiere das besonders gerne. Und das ist noch weit untertrieben, denn die Ratten reizten sich mit diesen Elektroden einige Tausend Mal pro Stunde. Essen? Egal. Trinken? Nicht notwendig. Scharfes Rattenweibchen im Käfig? Völlig Schnurz, Hauptsache die Elektrode konnte jede Sekunde aktiviert werden. Dieses Elektrodoping wurde bis zum bitteren

Ende komplett durchgezogen, den Ratten wurde alles um sie herum unwichtig. Sie stimulierten sich zu Tode. Wie wir heute wissen, starben sie wenigstens glücklich. Denn sie reizten ihr „Glückszentrum".

Wem „Glückszentrum" zu banal klingt, der kann gerne ein wenig angeben und vom „mesolimbischen dopaminergen System" sprechen (ich habe aber keine Lust dazu und bleibe beim „Glückszentrum", ich hoffe, Sie haben nichts dagegen). Beim Menschen liegt es mitten *(meso)* im limbischen System. Bei Mythos n° 2 (dem „Reptiliengehirn") haben wir schon davon gehört: Es ist ein ziemlich unübersichtlicher Bereich, von dem keiner so genau weiß, was dazugehört. Der schon erwähnte Hippocampus auf jeden Fall, die gefühlsduselige Amygdala auch, und außerdem ein undurchsichtiges Gewirr an Nervenbahnen, das bis heute noch nicht komplett verstanden ist. Im limbischen System sollen die ganzen niederen Triebe liegen, Gefühle und Erinnerungen verarbeitet werden, genauso wie subtile Sinneswahrnehmungen. Der perfekte Platz für ein Glückszentrum also.

Der Boss in diesem „Zentrum des Glücks" ist der *Nucleus accumbens*, was passenderweise so viel bedeutet wie „Beischlaf-Kern". Weil er fast ausschließlich Dopamin als Signalstoff zwischen seinen Nervenzellen verwendet, ist Dopamin quasi die „Mutter aller Drogen". Denn wenn der Beischlaf-Kern anspringt, gibt's kein Halten mehr, das ist dann endlich das, was wir „Kick" oder „High-Sein" nennen.

So ein mächtiges Gefühlszentrum muss natürlich kontrolliert werden. Die Dopamin-Nervenzellen werden deswegen die ganze Zeit von anderen Nervenzellen gehemmt. So ist dieses Glückszentrum zwar die ganze Zeit scharf geladen und bereit für den nächsten Kick, aber noch nicht entsichert. Fällt dann jedoch die Hemmung der Dopamin-Neuronen weg, versetzt uns die Dopamin-Freisetzung in den ultimativen Rauschzustand.

Da ist es nur logisch, dass nahezu alle Drogen auf genau dieses Dopamin-System im Beischlaf-Kern wirken: Nikotin erregt die Dopamin-Neuronen direkt und erhöht die Dopamin-Freisetzung. Kokain verhindert, dass das freigesetzte Dopamin wegtransportiert wirkt, so kann es länger wirken. Und Amphetamine schalten die Hemmung der Dopamin-Neuronen dauerhaft aus und „entsichern" das Glückssystem.

Opiate und Endorphine wirken ebenfalls an diesem Sicherungskasten der Dopamin-Neuronen und schalten die Hemmung ab. Ohne diese Hemmung sind die Dopamin-Neuronen nun permanent aktiv. Tolle Sache, denkt sich das Gehirn, denn das ist genau das, was uns glücklich macht. Es stimmt also tatsächlich: Endorphine machen high – aber eben nicht direkt, sondern über Umwege. Der eigentliche „König der Botenstoffe" ist das Dopamin. Endorphine sind lediglich ein willfähriger Erfüllungsgehilfe und sorgen unter anderem dafür, dass mehr Dopamin für den Rausch bereitsteht.

Lauf, Neuron! Lauf!

Haben Sie schon mal von einem besonderen Mythos unter Sportlern gehört: dem „Runner's High"? Ausdauersportler sollen nach einer gewissen Zeit von ihrer eigenen Anstrengung regelrecht berauscht sein, keine Schmerzen mehr spüren und euphorisch Grenzen überschreiten. Angeblich ist es ein Endorphin-Schub, der uns diesen Kick verpasst und dafür sorgt, dass wir immer weiter laufen. Doch stimmt das überhaupt?

Für einen Glücksmoment genügt es nicht, einfach ein paar Endorphine ins Blut zu schießen, denn Euphorie entsteht ja im Gehirn. Lange Zeit wurde deswegen angezweifelt, dass Endorphine überhaupt an einem Sportrausch beteiligt sind, denn es ist schwer zu messen, ob und wann und wo sie in einem lebenden Gehirn ausgeschüttet werden. Doch vor wenigen Jahren konnte erstmals gezeigt werden, dass ein Endorphin-System im Gehirn tatsächlich anspringt, wenn wir körperlich aktiv sind. Nach zwei Stunden gemütlichen Joggens werden die Opioid-Rezeptoren im Gehirn besetzt und lösen ein freudiges Gefühl aus.[77] Diese Euphorie beim und nach dem Joggen ist umso größer, je intensiver diese Rezeptoren besetzt wurden. Das Runner's High kann man also richtig messen – und allein anhand der Rezeptor-Aktivierung im Gehirn vorhersagen, wie gut sich jemand fühlt.

Gegenwärtig geht man in der Hirnforschung davon aus, dass dieses Endorphin-System wichtig ist, um uns in Bewegung zu halten. Laufen an sich ist nämlich eigentlich eine ziemlich blöde Angelegenheit: Es geht voll auf die Gelenke, gibt ordentlichen Muskelkater, strengt total an und macht Blasen an den Füßen. Spaß ist was anderes. Nun war es in der Evolution für den Menschen aber ziemlich wichtig, viel zu laufen, um an Nahrung zu kommen. Und ohne Belohnungssystem, das zum einen die Schmerzen stillt und uns zum anderen gute Laune verschafft, hätte wohl niemand Lust gehabt, stundenlang umherzustreifen, um ein paar Beeren einzusammeln. Das Runner's High könnte daher so etwas wie das evolutionäre Überbleibsel sein, das uns ermuntert, uns die Füße platt zu laufen. Leider scheint dieser sportliche Antrieb im Laufe der Menschheitsentwicklung etwas degeneriert zu sein – doch die Tatsache, dass Süchtigen auf Entzug Sport häufig verboten wird (damit sie nicht auf diese „Ersatzdroge" umsteigen) zeigt, dass der Begriff „Fitness-Junkie" seine Berechtigung hat.

Turbo-Lernen

Doch was soll uns ein Glückszentrum darüber hinaus eigentlich bringen? Schon klar, ist eine prima Sache, wenn sich der Körper selbstständig einen Kick verpassen kann. Aber wir haben bestimmt kein Glückszentrum, damit wir uns alle naselang mit giftigen Drogen aufputschen können. Deswegen mal naiv gefragt: Was ist der Sinn des Glücks?

Nun bin ich kein Philosoph und überlasse die moralische Antwort gerne den Experten. Aber es gibt einen neurobiologischen Sinn für die sehr unmittelbare, aber schnell vorübergehende Glücksform: Lernen. Lernen ist der biologische Zweck des Glücks. Wer hätte das gedacht?

Im Prinzip gibt es zwei Möglichkeiten, neue Dinge zu lernen: Man kann sie oft und langwierig wiederholen, bis die neue Information als Aktivierungsmuster im Nervengeflecht gespeichert ist (siehe Mythos n° 10: „Wir lernen in Lerntypen"). Für besondere Momente gibt es aber auch die beschleunigte Variante über das Glückszentrum. Denn positive Emotionen helfen uns nicht nur, uns besser an Dinge zu erinnern, sie motivieren auch, diese angenehmen Dinge zu wiederholen. So gesehen ist das Glücksempfinden nichts anderes als ein ultimativer Turbo fürs Lernen. Unser Glückszentrum (der Beischlaf-Kern mit dem Dopamin) springt immer dann an, wenn uns etwas Unerwartetes positiv überrascht: ein besonders leckeres Marmeladenbrötchen am Morgen, ein Sieg des 1. FC Köln gegen die Bayern, ein neues Bussi-Bär-Heft am Kiosk – all das macht froh und motiviert uns, wenn es überraschend kam. Denn das Gehirn ist im Prinzip permanent am Vergleichen: Passt die Wirklichkeit zu dem, was ich erwartet habe? Wenn ja – langweilig. Wenn nein (und die Überraschung ist auch noch positiv) – klasse, wieder machen! Und damit wir genau diese Handlung nicht vergessen, die zu einer positiven Überraschung geführt hat, wird Dopamin ausgeschüttet, das uns fröhlich macht und motiviert, diese Handlung zu wiederholen. Lernen im Schnelldurchlauf gewissermaßen.

Alles, was neu, unerwartet und positiv ist, wird also mithilfe des Dopamins im Beischlaf-Kern verstärkt. Überraschung ist der beste Motivator für Lernen, und wir sind immer an neuen Informationen interessiert. Neugier, das Interesse an unbekannten Informationen, ist also nichts anderes als die ursprünglichste Suche nach dem nächsten Dopamin-Kick. Für das Gehirn ist es nämlich sehr wichtig, dass es permanent mit neuen Informationen, Sinnesreizen, Erfahrungen oder Bewegungen beschäftigt wird. Denn nur, wenn es etwas verarbeiten kann, können sich auch die neuronalen Netzwerke anpassen, was so wichtig ist für eine effiziente Architektur im Nervensystem (das haben wir schon in einigen Kapiteln gesehen).

Echtes Lernen macht dem Gehirn also einen Heidenspaß. Leider trifft das seltener auf Mathe-Unterricht zu als auf die neuesten Klatsch-Geschichten aus der *Gala* oder eben auch spannend aufbereitete Mythen über das Gehirn. Dass Sie also vielleicht auf den einen oder anderen Neuromythos reingefallen sind, liegt auch an Ihrem Glückszentrum. Ihr Gehirn trickst sich quasi selbst aus, weil es Überraschungen immer belohnt – ganz egal, ob sie stimmen oder nicht.

Die Empfängnis des Glücks

Jawohl, es ist korrekt. Endorphine machen high. Trotzdem liegt die Sache nicht ganz so einfach, denn sie sind weder „Glückshormone", noch wirken sie ausschließlich alleine, sondern helfen den Dopamin-Nervenzellen im Glückszentrum.

Und ganz wichtig ist auch: Es ist niemals der Botenstoff an sich, der entscheidet, was in einer Zelle (oder sonst wo) passiert. Klar, Dopamin gibt uns den Kick – doch nur, wenn es an ganz bestimmte Rezeptoren an Nervenzellen einer ganz bestimmten Hirnregion bindet. In anderen Regionen wird Dopamin verwendet, um Bewegungen zu kontrollieren oder uns aufmerksamer zu machen. Was letztendlich passiert, entscheidet immer der Rezeptor.

Bei den Endorphinen ist es genauso: Wenn sie an den Rezeptor im Glückszentrum binden, freut uns das. Doch Endorphine binden auch an andere Rezeptoren, die die gegenteilige Funktion haben und uns schlechte Laune (Dysphorie) bereiten.[78] Endorphine können also genauso unglücklich machen. Vergessen Sie daher den Begriff „Glücksbotenstoff", der hat biochemisch keinen Sinn. Eigentlich gibt es auch keinen „aktivierenden" oder „hemmenden" Botenstoff. Ein Botenstoff ist ein Botenstoff, fertig! Was er bewirkt, hängt, wie gesagt, immer vom Rezeptor ab.

Das ist genauso, wie wenn Sie diesen Text lesen. Sie sind quasi der Rezeptor der gedruckten Buchstaben – eigentlich sind es zunächst nur schwarze Striche auf Papier, ohne Bedeutung. Erst wenn Sie die Wörter lesen und verstehen, entsteht ein Effekt. Nun liest jeder Leser anders, so wie es auch viele Rezeptoren im Gehirn gibt. Jeder wird deswegen mit dem Text etwas Unterschiedliches anfangen. Vielleicht gefällt Ihnen der aufklärerische Furor des Autors (das würde auch mich freuen), oder der Text ergibt für Sie beim besten Willen keinen Sinn (dann lesen Sie schnell weiter, das nächste Kapitel wetzt diese Scharte sicher aus!) – aber das kann ich nicht kontrollieren. Genauso kann auch ein Endorphin- oder ein Dopamin-Molekül nicht kontrollieren, was in der Zielzelle ausgelöst wird: Freude, Trauer, Armheben, wer weiß? Nur der Rezeptor hat die Macht.

Fazit: Endorphine machen wirklich glücklich – doch niemals alleine, sondern als Unterstützer des Dopamin-Systems im Beischlaf-Kern. Was der Sinn des Glücks ist, wissen Sie nun auch: Neues zu lernen. Vorausgesetzt, Sie werden vom Neuen auch positiv überrascht. Und ich hoffe, genau das mit diesem Kapitel geschafft zu haben. So können Sie sich gut gelaunt auf das nächste stürzen.

Mythos n° 13

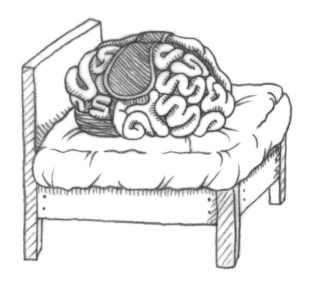

Im Schlaf macht das Gehirn mal Pause

Jetzt ist es schon halb zwölf Uhr nachts, während ich diese Zeilen schreibe. Doch mein Lektor macht Druck, das Buch muss fertig werden. Also mache ich weiter, schließlich geht es hier um ein besonderes Mysterium: den Schlaf. Ein faszinierendes Thema – und trotzdem merke ich, dass die Müdigkeit langsam von meinem Hirn Besitz ergreift. Als würde es wirklich mal eine Pause brauchen: um sich zu regenerieren, damit es anschließend ausgeruht und voller Tatendrang neu durchstarten kann.

Müdigkeit fühlt sich oft so an, als würde dem Gehirn „der Saft ausgehen", als würde es so lange gearbeitet haben, dass es seine Energiereserven wieder auffüllen muss und dafür Ruhe braucht. Doch stimmt das überhaupt? Macht das Gehirn während des Schlafs Pause vom anstrengenden Leben am Tag? Warum schlafen wir überhaupt? Und was passiert in unserem Gehirn, wenn wir träumen? Sagen Träume tatsächlich etwas über unser „Unterbewusstsein" aus?

Das dritte Auge macht uns müde

Fangen wir gleich mal mit einer populären Fehlannahme an: Nein, das Gehirn „dämmert" nicht einfach so weg, weil es tagsüber so viel geschafft hat, dass es einfach nicht mehr weiter kann. Einschlafen ist vielmehr ein geordneter Prozess, nicht einfach ein Zusammenbrechen der Hirnfunktionen (auch wenn sich das manchmal so anfühlt). Das Gehirn wird ganz kontrolliert „runtergefahren", oder besser gesagt in einen

Schlafzustand versetzt. Denn abgeschaltet ist ein Gehirn niemals.

Bestimmt haben Sie schon davon gehört, dass wir alle eine „innere Uhr" haben, die unseren Schlaf-Wach-Rhythmus kontrolliert. Das ist so nicht ganz korrekt, denn wir haben gleich mehrere dieser Uhren, die sich gegenseitig kontrollieren und unseren persönlichen Rhythmus festlegen. Denn wie man sich leicht vorstellen kann: Etwas so Kompliziertes wie ein menschliches Gehirn zum Schlafen zu bringen, geht nicht, indem man an einer zentralen Stelle im Gehirn einfach das Licht ausknipst. Es sind viele Hirnregionen am Einschlafen beteiligt, und fast überall gibt es kleine Grüppchen von Neuronen, die einem Tagesrhythmus unterliegen und ihre lokalen Hirnbereiche für das Einschlafen koordinieren. Wie kleine Nachtwächter teilen sie den anderen mit, dass es nun Zeit ist zu schlafen. Nun kann aber nicht jeder im Gehirn machen, was er will, deswegen gibt es einen zentralen Zeitgeber: die „Master-Uhr" im Zwischenhirn.

Vielleicht haben Sie bei sich zu Hause eine Funkuhr, die die exakte Zeit anzeigt? Damit die Funkuhr nicht falsch geht, wird sie mit einer Atomuhr synchronisiert, indem sie laufend von einem Sender (in der Nähe von Offenbach) ein aktuelles Zeitsignal erhält. So ähnlich funktioniert das auch im Nervensystem. Ob Sie es wollen oder nicht: Es gibt tatsächlich eine Art „Offenbach des Gehirns", den *Nucleus superchiasmaticus*, die zentrale Sendeanstalt, die alle anderen Zeitgeber im Gehirn mit einem übergeordneten Rhythmus versorgt. Im Vergleich zu Physikern sind wir Neurobiologen aber bei weitem nicht so exakt: Eine Atomuhr geht in 3 Millionen Jahren um eine Sekunde falsch. In der Biologie sieht man das alles aber nicht so eng: Wird es dunkel, sollte man ins Bett gehen, wird's wieder hell, ist es Zeit zum Aufstehen. Das reicht zum Leben.

Was passiert nun, wenn man blind ist oder von eifrigen Biologen in ein Forschungslabor eingesperrt wird, in dem permanent das Licht brennt? Überraschenderweise hat unser zentraler

Taktgeber schon seine eigene Zeit dabei, einen 25-Stunden-Rhythmus, der unseren Tagesablauf in etwa dem Tag-Nacht-Wechsel angleicht. Weil das aber nicht so genau passt (25 Stunden sind ja etwas mehr als ein Tag), nennt man das in der Biologie einen „circadianen Rhythmus" („circa ein Tag"). Wie gesagt, wir Biologen nehmen es nie so genau, Hauptsache, die Richtung stimmt.

Damit unsere innere Uhr nicht aus dem Ruder läuft, muss sich unser zentraler Taktgeber also immer mit dem Tag-Nacht-Wechsel synchronisieren – dazu liegt er praktischerweise direkt an der Sehnervkreuzung (dem Chiasma, daher sein Name). Er ist buchstäblich so etwas wie unser „drittes Auge", denn er steht direkt in Kontakt mit speziellen Lichtsinneszellen der Netzhaut, die registrieren, ob es gerade dämmert. So erkennt der innere Zeitgeber, ob es gerade hell oder dunkel wird, und passt seinen inneren Rhythmus der äußeren Helligkeit an. Diese Information leitet er anschließend an die anderen Hirnbereiche weiter, die auf diese Weise ihren Rhythmus anpassen können.

Die Rausschmeißer-Kapelle

Die zentrale Master-Uhr steuert also unseren täglichen Aktivitätsrhythmus. Doch konkret für das Einschlafen ist eine andere Hirnstruktur zuständig: die „Netzwerkformation".

Sie waren sicher schon auf Partys, auf denen eine Band den Gästen ordentlich eingeheizt hat, und zwar non-stop. Der Vorteil: Die Gäste werden bei Laune gehalten, die Musik gibt quasi den Rhythmus vor. Wenn die Kombo dann das Spielen einstellt, ist das oft ein dezenter Hinweis, dass die Feier vorbei ist, ein Rausschmeißer-Signal sozusagen. So ähnlich können Sie sich auch die Funktion der „Netzwerkformation" vorstellen. Sie ist ein etwas unübersichtlicher Bereich am Übergang zum Rückenmark (genauer gesagt: im Hirnstamm), und die dortigen Nervenzellen entsenden permanent einen ständigen Strom an Impulsen in das Gehirn: eine Party-Band, die dafür sorgt, dass das Großhirn immer wach und aufmerksam bleibt.

Irgendwann bekommt diese Rhythmus-Kapelle jedoch einen kleinen Hinweis von der Master-Uhr, dass es nun Zeit ist, die Party zu beenden. Schrittweise reduziert sie ihren aktivierenden Impulsstrom an das Großhirn. Wenn diese Aktivierung durch die Netzwerkformation ausfällt, merkt auch das Großhirn irgendwann, dass Schluss ist mit dem Gefeiere. Das heißt natürlich nicht, dass es aufhört zu arbeiten, sondern einfach nur, dass wir unsere Aufmerksamkeit, unser Bewusstsein verlieren. Das hört sich beängstigend an, ist aber umso wichtiger, damit sich das Gehirn mal um wichtigere Dinge kümmern kann, als das Nachtprogramm im Fernsehen zu verfolgen oder populärwissenschaftliche Texte um halb ein Uhr morgens zu schreiben. Nämlich endlich mal aufzuräumen.

Nächtliche Gehirnwäsche

Während des Tages ist das Gehirn so sehr beschäftigt und muss ständig neue Sinnesreize und Informationen verarbeiten, dass es gar nicht dazu kommt, Abbauprodukte des Stoffwechsels abzutransportieren. Während der Nacht ist daher großes Reinemachen angesagt: Die winzig kleinen Räume zwischen den Nervenzellen werden erweitert, damit die Gliazellen (Sie erinnern sich: die Helferzellen im Gehirn) das Nervengewebe mit Hirnflüssigkeit spülen können. Auf diese Weise können Abfallstoffe des Tages abtransportiert werden, die ansonsten den Stoffwechsel im Gehirn blockieren würden.[79]

Zurück zum Party-Vergleich: Die Stimmung ist am Höhepunkt, die Musik laut, es wird getanzt, gegessen, getrunken – kurzum, alle sind gut drauf. Wenn Sie jetzt anfangen wollen, sauber zu machen und aufzuräumen: ganz schlechte Idee! So machen Sie sich keine Freunde. Besser, Sie warten, bis sich die Stimmung gelegt hat und alle nach Hause gegangen sind. Dann wird zwar auch das ganze Ausmaß der Verwüstung deutlich, aber Sie haben den Vorteil, dass Sie die Partyüberreste ungestört entfernen können.

Genauso braucht auch das Gehirn Ruhe vor den einprasselnden Sinnesreizen, um sich der eigenen Körperpflege zu widmen. Denn das Gehirn ist ein äußerst reinliches Organ. Dies scheint einer der Gründe zu sein, weshalb wir in der Nacht das Bewusstsein verlieren, denn so sammeln sich keine weiteren Stoffwechselprodukte an – das Gehirn bekommt seine Auszeit. Also macht es wirklich Pause im Schlaf?

Auch das Gehirn braucht freie Zeit

Schlaf ist eigentlich eine ziemlich doofe Sache: Man liegt mehr oder weniger ungeschützt rum und ist leichte Beute für feindselige Kollegen. Wir verplempern fast ein Drittel unseres Lebens damit, das Bewusstsein auszuschalten und vor uns hinzudämmern. Okay, manche Menschen machen das auch ohne Schlaf permanent …

Statt schlafend Zeit zu verplempern, könnte man seine Zeit doch auch sinnvoll nutzen: nach Nahrung suchen, reich und schön werden oder sich wenigstens fortpflanzen. All das ergibt evolutionär Sinn. Dagegen scheint Schlaf auf den ersten Blick ein Riesenfehler zu sein. Es muss also noch mehr Gründe für ihn geben als den der Säuberung, den Sie gerade kennengelernt haben. Und tatsächlich nutzt das Gehirn den Schlafzustand für die verschiedensten Dinge. Genauso, wie viele nach einer harten Arbeitswoche am Wochenende nicht nur das Auto waschen und die Hecken schneiden, sondern auch noch Sportschau schauen und in den Baumarkt gehen: Wenn man nicht arbeiten muss, hat man Zeit für die wirklich wichtigen Sachen!

Genauso, wie ein typisches Wochenende in verschiedene Phasen unterteilt ist (mehr Aktivität am Samstag, Entspannung am Sonntag), ist auch der menschliche Schlaf in unterschiedliche Abschnitte unterteilt. Insgesamt gibt es vier Schlafstadien unterschiedlicher Tiefe: Während man in Stadium 1 sehr leicht schläft und einfach aufzuwecken ist, findet in Stadium 4 der Tiefschlaf statt. Um es einfacher zu machen, unterteilt man den Schlaf in REM-Schlaf (Stadium 1) und Nicht-REM-Schlaf (Stadien 2–4).

REM steht für *rapid eye movement* (schnelle Augenbewegungen), weil wir in diesem Stadium ein bis vier Mal pro Sekunde unsere Augen hin und her drehen. Sonst bewegt sich aber nichts, denn im REM-Schlaf sind wir komplett paralysiert, unsere Muskeln sind total erschlafft. Der REM-Schlaf wird auch Traumschlaf genannt, weil unsere Traumerlebnisse in diesem Schlafstadium besonders lebhaft sind. Allerdings träumen wir nicht nur im REM-Schlaf, sondern auch in anderen Schlafstadien, nur sind unsere Erinnerungen an die Träume dann eher abstrakt und wenig emotional.

Wenn wir einschlafen, fallen wir erst mal ganz tief in Schlafstadium 4, bleiben dort ein halbes Stündchen, bevor wir in Stadium 1 zurückkehren, REM-Schlaf durchlaufen und anschließend wieder in den Tiefschlaf fallen. Diesen Zyklus wiederholen wir etwa vier bis fünf Mal pro Nacht. Getreu dem Motto „Erst die Arbeit, dann das Vergnügen" teilt sich das Gehirn diese Zyklen auf: Zu Beginn muss das getan werden, was unbedingt notwendig ist zum Überleben, nämlich tief zu schlafen. Gegen Ende wird der Schlaf immer leichter und der Anteil des Traumschlafs nimmt zu. So wird gesichert, dass wir vom lebenswichtigen Kernschlaf (den ersten drei Tiefschlafzyklen) immer genügend mitbekommen. Letztendlich sind also nur knappe 4 Stunden Schlaf biologisch notwendig. Wie praktisch, so kann man eine durchwachte Nacht mit einmal Schlafen schnell ausgleichen – der Körper intensiviert dazu einfach die Tiefschlafphasen und schläft effizienter. Andersrum geht das leider nicht: Das oft praktizierte „Vorschlafen", um sich auf eine lange Nacht einzustimmen, bringt gar nichts. Unser Gehirn kann keinen Schlaf ansammeln.

In keinem Schlafstadium ist das Gehirn übrigens „ausgeschaltet" und macht wirklich Pause. Nervenzellen sind immer bei der Arbeit und synchronisieren sich in ihrer Aktivität – allerdings unterscheidet sich diese Synchronisation je nach Schlaftiefe. Genau das kann man mit einem EEG ableiten, das die „Hirnströme" ausliest. Im REM-Schlaf unterscheiden sich diese Hirnströme kaum vom Wachsein. Wären unsere Augen nicht geschlossen, würde man gar keinen großen Unterschied feststellen (man spricht daher auch vom „paradoxen Schlaf"). Hingegen synchronisieren sich die Nervenzellen in tieferen Schlafstadien zu langwelligeren, man könnte auch sagen: langsameren, Hirnrhythmen. Doch aufgepasst, das soll nicht heißen, dass sie weniger aktiv wären. Im Gegenteil: Gerade im Tiefschlaf geht es richtig zur Sache.

Lernen im Schlaf

Im Schlaf durchläuft das Gehirn also verschiedene Stadien, doch wozu das alles? Die gegenwärtigen Theorien gehen davon aus, dass genau dieses Wechselspiel aus leichteren und tieferen Schlafphasen wichtig ist für die Funktion des Schlafes. Ganz entscheidend ist der Schlaf offenbar für die Ausbildung des Gedächtnisses. Ohne ausreichend Schlaf fällt es uns jedenfalls schwer, neue Informationen dauerhaft abzuspeichern.[80] Klar, man kann nicht ständig neue Informationen auf sich einprasseln lassen – irgendwann muss mit der Reizüberflutung Schluss sein und das Informationsmaterial gesichtet werden. Wie an einem geschäftigen Tag im Büro: Ständig kommen neue Anrufe, E-Mails, Nachrichten und hübsche Postkarten aus fernen Ländern rein, und wenn man die ganze Zeit rotiert, kommt man gar nicht dazu, die Dinge zu sortieren. Genauso braucht das Gehirn einen „reizfreien" Raum, in dem es die Informationen sichten und (wenn wichtig) abspeichern kann.

Ein populärer Mythos besagt dabei, dass wir im Schlaf die Ereignisse des Tages nochmals durchspielen und auf diese Weise festigen. So kämen auch die Träume zustande: indem wir aktuelle Eindrücke des Tages mit alten Erinnerungen mischen.

Gedächtnisbildung im Traum sozusagen. Tatsächlich ist aber gar nicht der oberflächliche REM-Schlaf (der Traumschlaf) für die Gedächtnisbildung entscheidend, sondern das Wechselspiel zwischen Tiefschlaf und den anderen Schlafstadien. Weil sich das Gehirn den Schlaf in unterschiedliche Phasen einteilt, hat es nämlich die Möglichkeit, in jeder Schlafphase ganz gezielt bestimmte Hirnregionen zu aktivieren, um Gedächtnisinhalte zu speichern.

Im Tiefschlaf ist dabei vor allem der Hippocampus aktiv, er würgt sein ganzes Faktenwissen des Tages nochmals hervor und präsentiert es dem Großhirn. Das ist ziemlich viel Stoff. So viel, dass das Großhirn davon selbst im Schlaf eine Pause braucht und in den REM-Schlaf umschaltet. So hemmt es die Aktivierung des Hippocampus und aktiviert seine eigenen Netzwerke, die dadurch die Möglichkeit bekommen, sich den neuen Informationen anzupassen. Nach kurzer Zeit ist das Großhirn bereit für die nächste Runde frischer Informationen, verfällt erneut in den Tiefschlaf und lässt sich vom Hippocampus wieder neue Gedächtnisinhalte präsentieren. Selbst im Schlaf kommt das Gehirn also nie zur Ruhe.

Die Macht der Träume

Wovon haben Sie letzte Nacht geträumt? Wenn Sie behaupten: „Ich träume ständig davon, dass die Superstring-Theorie endlich quantenmechanisch bestätigt wird – aber niemals nachts", liegen Sie falsch, denn auch Sie träumen jede Nacht. Und wenn Sie sich in den buntesten Farben und Details erinnern, wie Sie im Traum auf einer Blumenwiese mit einem Eisbären getanzt haben, täuschen Sie sich ebenfalls. Denn was Sie für einen Traum halten, ist immer nur die Erinnerung Ihres Wachbewusstseins. Im Prinzip wachen Sie niemals *aus* einem Traum auf, sondern erst *danach* – und anschließend versucht Ihr Bewusstsein eine verblassende Traumerinnerung zu rekonstruieren. Ob diese stimmt oder ob Sie sich nachträglich

Im Schlaf macht das Gehirn mal Pause

was zusammenreimen, können Sie niemals mit Sicherheit sagen.

Besonders lebhaft und emotional sind Träume im REM-Schlaf. Vermutet wird, dass dabei vor allem Gefühle und Bewegungen verarbeitet und so gespeichert werden. Das könnte auch der Grund dafür sein, dass wir in diesem Schlafstadium paralysiert und ohne Muskelkraft im Bett liegen: Denn aufgebracht und wild träumend durch die Gegend zu springen, könnte böse enden. Ein Schlafwandler träumt übrigens eher selten. Er wandert in seiner traumarmen Tiefschlafphase umher, und zwar oftmals nicht mit „schlafwandlerischer Sicherheit", sondern torkelnd und vorsichtig. Und wenn er aufwacht, ist er meist leicht desorientiert und will zurück ins Bett – ein Zustand, in dem sich manche Menschen permanent befinden.

Träume repräsentieren überdies nicht das Unterbewusstsein, das sich in der Nacht ungehemmt Bahn bricht und unsere geheimsten Wünsche offenbart. Vielmehr werden einfach zufällig Erinnerungen und Erfahrungen hervorgerufen, die zu den aktuellen Informationen des Tages passen könnten. Auch wenn der Hippocampus im Tiefschlaf Nervennetzwerke im Großhirn aktiviert, können in der anschließenden REM-Schlafphase schon bekannte Aktivierungsmuster (also alte Gedanken) ausgelöst und in den Traum integriert werden. Das ist der Grund dafür, dass unsere Träume nicht nur das aktuelle Tagesgeschehen, sondern auch „ähnliche" Ereignisse aus der Vergangenheit aufgreifen.

Es wird also einfach mal großflächig aktiviert, das Großhirn hat dann die dankenswerte Aufgabe, aus diesem Wust an Informationen stabile Erinnerungen zu formen. Dafür nutzt es ein einfaches Prinzip: Was häufig als Erinnerung ausgelöst wird, scheint wichtig zu sein und wird als Aktivitätsmuster im Netzwerk immer effizienter gespeichert. Traumdeutung ist also überflüssig, das übernimmt das Großhirn ganz automatisch.

Mythos n° 13

Viele Menschen glauben, dass die Zeit in Träumen viel schneller vergeht als in Wirklichkeit. Tatsächlich träumen wir nur maximal 30 Minuten am Stück, doch wenn man Probanden im Schlaflabor nach einer bestimmten Traumdauer weckt, können sie meist richtig einschätzen, wie lange sie geträumt haben. Wir träumen also überwiegend in Echtzeit. Dabei können wir aktuelle äußere Reize buchstäblich in den Traum integrieren. Wenn wir während eines Traumschlafes mit Wasser besprizt werden, träumen wir möglicherweise tatsächlich von regnerischem Wetter.

Die Bedeutung und Funktion der Trauminhalte sind übrigens immer noch umstritten. Dabei scheint sich das Träumen während der Nacht zu verändern: Zu Beginn ist es eher faktenorientiert und konzentriert sich auf Ereignisse des vergangenen Tages. Zum Ende wird es emotionaler und bezieht fernere Erinnerungen mit ein. Diese Gefühlsverarbeitung während der Nacht ist wichtig, denn wer kennt es nicht: Wenn wir eine Nacht drüber geschlafen haben, sehen wir vieles in einem anderen, oft positiveren Licht. Möglicherweise werden durch das Traumerleben negative Emotionen verarbeitet und so besser eingeordnet. Das ist auch ein Grund dafür, dass Horrorfilme immer spätabends laufen, denn morgens haben wir schlechte Gefühle so gut verarbeitet, dass wir viel schwerer zu ängstigen sind.[81] So kann uns noch nicht mal unser übernächtigtes Spiegelbild am Morgen erschrecken. Schlafen hat also auch noch eine Selbstschutzfunktion.

Träumen Sie weiter!

Schlaf ist also kein unkontrolliertes Zusammenbrechen unserer Hirnfunktionen, sondern wird kontrolliert und hat mehrere wichtige biologische Funktionen. Das Gehirn ist auch niemals ausgeschaltet, sondern scheint den besonderen „reizfreien" Raum im Schlaf zu nutzen, um sich zu säubern und die Informationslage zu sichten. Insofern kann man tatsächlich

Im Schlaf macht das Gehirn mal Pause

davon sprechen, dass das Gehirn im Schlaf eine Pause macht – doch so ein Streber-Organ wie das Gehirn schafft natürlich auch in einer Pause weiter.

Fairerweise muss ich außerdem zugeben, dass selbst die Hirnforscher mit ihrem teuren Gerät immer noch nicht endgültig klären konnten, was beim Schlaf genau mit dem Bewusstsein passiert. Es ist zum Beispiel nicht klar, wie das Zusammenspiel der Bewusstseinszustände zwischen Wachsein und Schlaf gesteuert wird. Manche Menschen werden sich sogar während des Schlafens bewusst, dass sie träumen. Gar nicht übel, dann kann man mal ungestört all das ausprobieren, was man sich im echten Leben nicht traut. Wie diese „Luzidträume" jedoch zustande kommen und was sie darüber aussagen, was Bewusstsein ist, ist noch unklar. Deswegen hofft man, durch die Untersuchung des Schlafes eines der größten Geheimnisse des Gehirns überhaupt zu lüften: wie Bewusstsein entsteht.

Auch die Theorien zur Gedächtnisbildung (das Wechselspiel zwischen Tief- und Traumschlaf) während des Schlafens werden momentan wissenschaftlich diskutiert und intensiv untersucht, genauso wie das Phänomen, dass sich das Gehirn im Schlaf selbst säubert, was übrigens erst kürzlich entdeckt wurde. Auch die Theorien zur Gefühlsverarbeitung im Traumschlaf sind weiter umstritten, denn mitunter kommt es vor, dass ein Traumerleben schockierende oder traumatische Erinnerungen auch verstärken kann.[82] Schlaf bleibt also weiterhin ein Mysterium – doch ab jetzt hoffentlich mit ein paar Halbwahrheiten weniger belastet.

Eines ist jedoch wissenschaftlich gesichert: Schlaf ist überlebenswichtig und gesund. Deswegen gehe ich jetzt auch in die Koje, egal was mein Lektor sagt. Frisch ausgeruht geht's dann morgen ans nächste Kapitel. Gute Nacht.

Mythos n° 14

Mit Brainfood essen wir uns schlau

Als ich studierte, hörte ich meine Mutter oftmals sagen: „Junge, nimm doch das Studentenfutter mit, das ist gut fürs Gehirn. Viele wichtige Fettsäuren und Mineralien – damit kannst du besser denken!" So habe ich mich vor Prüfungen wochenlang von einem wilden Nüssemix ernährt, in der Hoffnung, ich würde schlauer werden. Und das wurde ich tatsächlich, und zwar so sehr, dass ich meiner Mutter erklären musste, dass das mit dem Studentenfutter gar nicht stimmen kann. Pech, dass ich ausgerechnet Biochemie studieren musste.

Ernährung scheint eigentlich ganz einfach zu sein: Essen und Trinken, wenn man Hunger hat – fertig. Doch natürlich ist das in der heutigen Zeit viel zu wenig an lukullischer Erkenntnis. Die Nahrungsaufnahme ist zu einer eigenen Wissenschaft geworden. Weil jeder das „Richtige" essen will, gibt es eine unüberschaubare Auswahl an Lebensmitteln, die für jeden Anlass die passende Ernährung ermöglichen: Sportlernahrung, Babynahrung, Ernährung für Schwangere, für Vegetarier, für Alte, für Singles mit Mikrowelle und natürlich für das Gehirn. Logisch, denn wer will nicht gerne seine Nervenzellen mit dem richtigen Müsliriegel auf Touren bringen?

„Brainfood" heißt das Modewort, mit dem man uns Inhaltsstoffe und Nahrungsmittel als tollen Treibstoff für das Gehirn verkaufen will. Und was soll nicht alles Einfluss auf unser Gehirn haben: Schokolade macht glücklich, Nüsse und Blaubeeren schlau, Margarine mit Omega-3-Fettsäuren schmiert unser Hirn, und Zucker treibt es an. Doch leider wimmelt es in Sachen Gehirn und Ernährung von Halb- und Unwissen. Das kann so nicht weitergehen, deswegen ist es an der Zeit, prinzipiell zu klären, wie sich das Gehirn mit Nährstoffen versorgt. Das Gehirn hat nämlich allerhand Tricks auf Lager, wie es immer an die besten Nahrungsmittel kommt und ihm niemals der Treibstoff ausgeht.

Der Baustein fürs Schlausein

Naiv gefragt: Können wir uns intelligent essen, wie es uns die Brainfood-Industrie weismachen möchte? Die Antwort mag nach dem bisher Gesagten überraschend klingen: Jawohl, natürlich können wir das. Ohne die passenden Baustoffe wären wir jedenfalls nicht so schlau geworden, wie wir es jetzt sind.

Es begann schon vor etwa 1 Million Jahren, als unsere Vorfahren noch nicht die neuesten Kochrezepte auf dem iPad lasen, sondern im Kampf ums Überleben die wirklich wichtigen Nahrungsmittel einsammelten: Obst und Gemüse, vielleicht mal ein bisschen Fleisch (aber das war eigentlich zu schwer zu kauen und zu verdauen). Ein wichtiger technologischer Fortschritt, der wichtigste wahrscheinlich, brachte dann die Wende vom wenig cleveren Frühmenschen zum heutigen Intelligenzmonster: die Beherrschung des Feuers. Plötzlich war das vormals schwer bekömmliche rohe Fleisch genießbar und man konnte sich einen köstlichen Fisch brutzeln. Das hat wahrscheinlich nicht nur besser geschmeckt, sondern eine völlige neue Nährstoffquelle eröffnet: hochwertiges Fett und Eiweiß.

Neben Wasser (zu 80 Prozent) besteht das Gehirn eigentlich nur noch aus diesen zwei Baustoffen. Den Grund dafür haben wir schon kennengelernt: Es ist die dicke Isolierschicht, die unsere Nervenfasern umhüllt und entscheidend ist für die Impulsweiterleitung. Erst als der Mensch ausreichend Baustoffe für diese Isolierung zusammensammeln konnte, war er auch in der Lage, sein Nervenzell-Netzwerk weiter aufzurüsten. Interessanterweise sieht man das auch an den Schädeln unserer Ahnen vor etwa 30 000 Generationen: Die Verkleinerung ihres

Gebisses fiel mit der Vergrößerung ihres Schädels zusammen. Klar, denn zart gebratenes Fleisch zerfällt leicht auf der Zunge und liefert obendrein auch noch genügend Baustoffe für ein komplexes Gehirn mit ausgiebiger Nervenfaserisolierung. Im Unterschied zu anderen Lebewesen treibt es der Mensch dabei auf die Spitze. Weder Affen noch Delfine haben derart ausgiebig isolierte Nervenfasern, und das ist ein wichtiger Grund für unsere Intelligenz.

Noch heute ist die Phase der Nervenfaserisolierung kritisch. Mangelernährte Babys können ein Defizit an Eiweiß und Fett in den ersten Lebensjahren nicht mehr aufholen und bleiben dauerhaft weniger intelligent. Dieser Isolierungsprozess dauert dabei viele Jahre an und ist erst am Ende der Pubertät abgeschlossen. Keine Sorge also, wenn die Jugend massenweise in Burger-Läden strömt und sich Junk-Food reindrückt, ein bisschen Eiweiß und Fett wird auch in den Gehirnen hängen bleiben. Gesunde Ernährung ist allerdings deutlich mehr.

Merke also: Vom Körner- und Obstessen ist der Mensch sehr wahrscheinlich nicht intelligent geworden. Deswegen aufgepasst, liebe Vegetarier, ihr seid nur so klug, weil eure Vorfahren kräftig Fisch und Fleisch verzehrten.

Ein Vampir im Kopf

Die Ernährung des Gehirns ist eine wichtige Sache. Da es wohl in keinem anderen Organ so sehr darauf ankommt, wie es im Detail konstruiert ist, muss das Gehirn mit den richtigen Baustoffen versorgt werden. Und zwar immer! Wie im richtigen Leben gibt es dabei mehrere Möglichkeiten, um an Nahrungsstoffe zu kommen.

Gehen Sie ein- oder zweimal in der Woche in den Supermarkt und erledigen dabei Ihren ganzen Wocheneinkauf? Das hat Vorteile, so entgehen Sie dem täglichen Einkaufsstress und haben meist einen gut gefüllten Kühlschrank. Das Gehirn macht es jedoch anders. Stellen Sie es sich besser vor wie den

Kühlschrank eines männlichen Maschinenbaustudenten: Da ist so gut wie nichts drin, es gibt keinerlei Vorräte, es wird ausschließlich direkt eingekauft und verarbeitet. Das Gehirn lebt quasi von der Hand in den Mund und holt sich die Nährstoffe, die es braucht, sofort und direkt aus dem Blut.

Auch das hat einen gewaltigen Vorteil, denn so benötigt das Gehirn keinen Lagerplatz. Andererseits bedeutet das aber, dass es extrem abhängig von einer funktionierenden Logistik ist. Alles Notwendige muss *just in time* und in ausreichender Dosierung herbeigeschafft werden. Deswegen ist das im Körper ganz klar geregelt: Das Gehirn kommt immer als Erstes dran – egal, was passiert. Dafür sind die schon erwähnten Helferzellen zuständig, die die Ernährung der Nervenzellen übernehmen, die Astroglia. Astroglia besitzen spezielle Transportmoleküle, die wichtige Nährstoffe (nicht nur Zucker, sondern auch Aminosäuren) aus der Blutbahn abgreifen, bevor andere Organe überhaupt etwas davon mitkriegen. Wie beim Sommerschlussverkauf sind sie die Ersten, die sich die besten Stücke sichern. So wird das Gehirn immer mit den passenden Nährstoffen bedient.

Dieses Prinzip ist sehr wichtig, denn es schützt das Gehirn bei Nahrungsmangel. Das Gehirn ist gewissermaßen der „Vampir unter den Organen" und saugt die Nährstoffe aus allen anderen Körperbereichen ab, bevor es selbst unterernährt wird. Wäre das nicht so, hätten die Frühmenschen bei extremem Nahrungsentzug vielleicht ihre Muskelmasse behalten. Doch was bringt es, mit seinem Sixpack zu prahlen, wenn das Gehirn wegen Unterversorgung den Geist aufgibt? Nicht viel – wobei man sich beim Besuch eines beliebigen Fitnessstudios schon fragen kann, ob die Energie bei manchen nicht doch erst in Richtung Muskeln geleitet wird …

Dieses Ernährungsprinzip bedeutet aber auch: Bei einer ausgewogenen Ernährung ist es fast unmöglich, sich nicht gehirngerecht zu ernähren, denn das Gehirn holt sich alles, was es braucht – vor allen anderen Organen. Im Prinzip haben Sie es also nicht nötig, das Gehirn mit „Brainfood" aufzurüsten, denn unterernährte Gehirne gibt es bei Erwachsenen so gut wie nicht.

Türsteher-Zellen

Wenn man schon nicht einen Mangel ausgleichen muss, vielleicht hilft es ja, *zusätzlich* etwas Gesundes zu essen, um dem Gehirn auf die Sprünge zu helfen?

Auch hier muss man sich klarmachen, dass nicht alles, was wir essen, auch ins Gehirn kommt. Es wird nämlich wie ein Hochsicherheitstrakt hermetisch abgeriegelt: durch die Blut-Hirn-Schranke. Wieder sind es die Astroglia, die einen Schutzwall um die Blutgefäße bilden und bestimmen, wer ins Gehirn darf und wer nicht. Wie Türsteher vor einer Nobel-Disko erlauben sie nur manchen Molekülen den Zutritt. Und wie im wahren Leben gilt auch hier: Klein und geladen kommt nicht so gut an – Zucker und Aminosäuren werden deswegen ganz genau begutachtet, bevor sie ins Nervengewebe eindringen dürfen. Einfacher haben es da schmierige Typen wie Fette, die problemlos durch die (ebenfalls fettige) Schutzschicht schlüpfen können. Das ist auch der Grund dafür, dass alle Drogen-Moleküle gut fettlöslich sind, so fluten sie das komplette Gehirn in weniger als 30 Sekunden.

Diese Blut-Hirn-Schranke wird oft unterschätzt, doch sie erklärt, warum einige Ernährungsmythen über das Gehirn nicht stimmen können. Schokolade soll glücklich machen, weil angeblich Serotonin (ein „Glücksbotenstoff") enthalten ist? Von wegen, weder Serotonin noch irgendeine Vorstufe davon kommt einfach so in das Gehirn hinein. Chinesisches Essen soll Kopfschmerzen machen, weil es mit Glutamat gewürzt ist (in der wissenschaftlichen Literatur als „Chinarestaurant-Syndrom" beschrieben)? Irrtum, gerade bei Glutamat, einem wichtigen Botenstoff, wird der Zutritt streng kontrolliert. Viel Fleisch macht müde (in den USA als „Truthahnmüdigkeit" bekannt), weil Tryptophan enthalten ist? Genauso Unsinn – müde werden wir immer, wenn wir satt sind, egal was wir gegessen haben.

Hinzu kommt: Selbst wenn ein vermeintlich wirksamer Nährstoff ins Gehirn gelangt, muss er erst mal an den Ort, wo er auch seine Wirkung entfalten kann. Man nennt das Pharmakokinetik – klingt kompliziert, bedeutet aber nur, dass der richtige Ort zur richtigen Zeit entscheidend für die Wirkung von Substanzen ist. Beispiel Zahnpasta: Die wirkt nur gut, wenn Sie sie sich auf die Zähne schmieren, als Fußcreme ist sie eher ungeeignet. Wenn Sie also Blaubeeren mit vielen „bioaktiven Anthocyanen" essen (sollen gut fürs Gehirn sein), dann müssen diese auch erst mal dorthin, wo sie wirken sollen: zu den Nervenzellen, kein leichtes Unterfangen.

Merken Sie sich also: Nur weil Sie Ihren Körper mit Nährstoffen vollladen, heißt das noch lange nicht, dass sie auch im Gehirn ankommen. Das Gehirn nimmt sich alle Nähr- und Baustoffe, die es braucht (notfalls mit Gewalt) – und kontrolliert gleichzeitig streng den Zutritt. Das macht es extrem schwer, künstlich von außen mit tollem „Brainfood" den Hirnstoffwechsel anzukurbeln, denn das Gehirn ist in aller Regel schon top ernährt.

Essen Sie sich nicht dumm!

Natürlich ist auch das Gehirn auf wichtige Nahrungsbestandteile angewiesen und reagiert empfindlich auf falsche Ernährung. Es benötigt ungesättigte Fettsäuren für den Aufbau der Nervenzellmembranen und der Isolierungsschicht um die Nervenfasern. Einige Aminosäuren (wie Tryptophan oder Phenylalanin) kann der Körper auch nicht selbst herstellen und muss sie von außen zuführen, deswegen ist Eiweiß so wichtig. Mineralien im Wasser und ein paar Vitamine dazu – das reicht, damit das Gehirn funktioniert. Zucker kann der Körper zur Not selbst erzeugen (solange die Eiweißversorgung stimmt).

Es hat jedoch keinen Sinn, dem Gehirn über die Nahrung einfach mehr von diesen wichtigen Dingen anzubieten nach dem Motto: „Wenn Aminosäuren so wichtig für die Bildung von Botenstoffen sind, kippe ich mir mal ein paar davon hinter die Binde!" Manche Menschen essen Bananen, weil in ihnen viel Tryptophan enthalten ist, das die Hirnfunktionen optimieren soll. Klar, Tryptophan ist eine Vorstufe von Serotonin (einem Botenstoff, der wichtig bei der Verarbeitung von Gefühlszuständen und Sinneswahrnehmungen ist). Doch was passiert, wenn Sie haufenweise Tryptophan essen? Werden Sie fröhlich oder sehen Sie bunte Bilder? Nichts von beidem, denn das Gehirn erlaubt zu viel Tryptophan gar nicht den Zutritt.

Sie können dem Gehirn also alle „Zutaten fürs Denken" im Übermaß hinstellen, und doch wird es sich nur die Sachen rauspicken, die es im Augenblick gerade benötigt. Es kocht immer nach Rezept und nie nach dem, was angeboten wird. Denn für das Gehirn ist es essenziell, dass es *konstant* gut funktioniert und sich unabhängig macht von Schwankungen in der Nahrungsversorgung.

Neuro-Nahrung

Dass das Gehirn seine eigene Ernährung ganz genau kontrolliert und sich vor äußeren Einflüssen weitgehend schützt, heißt jedoch nicht, dass es nicht bestimmte Stoffe geben kann, die die Leistungsfähigkeit des Gehirns beeinflussen. Drogen und psychoaktive Substanzen wie Koffein sind dafür Beweis genug. Die Neurowissenschaft untersucht daher gerade fieberhaft eine Vielzahl von Nahrungsstoffen, die eine Wirkung auf das Gehirn haben könnten. Doch das ist schwierig, gerade beim Thema Ernährung spielen viele Faktoren eine Rolle. Wenn Sie einen Ginkgo-Extrakt in den Tee rühren, sind dort Hunderte von verschiedenen Substanzen enthalten, die auf unterschiedlichste Weise wirken können. Vielleicht (und das wird gerade besonders erforscht) ist es auch das Zusammenwirken von vielen verschiedenen Stoffen, das einen günstigen Effekt auf das Gehirn hat? Deswegen wimmelt es in der wissenschaftlichen Literatur zum Thema „Ernährung und Gehirn" nur so von Konjunktiven und Aufforderungen, noch mehr zu forschen. Zwei Stoffklassen wird jedoch momentan besonders zugetraut, positiv auf das Gehirn zu wirken.

Da wären zum einen die Omega-3-Fettsäuren, die einen prima Ruf haben. Sie gelten als „Schmiermittel für das Gehirn", das die Zellmembranen geschmeidig hält. Außerdem durchdringt ein solches Fettmolekül leicht die Blut-Hirn-Schranke und kommt einfach ins Hirn hinein. Tatsächlich scheint eine über 6-monatige hochdosierte Aufnahme von Fischöl (mit vielen Omega-3-Fettsäuren) die Vernetzung der Nervenzellen im Gehirn zu verbessern,[83] doch dass man dadurch auch generell intelligenter wird, ist bisher nicht bestätigt worden. Dennoch mehren sich die Hinweise, dass Omega-3-Fettsäuren nicht nur den geistigen Verfall im Alter bremsen,[84] sondern generell das Wachstum von Nervenzellen im Hippocampus begünstigen.[85] Was jedoch die genauen Ursachen dafür sind, ob Fischöl nur direkt auf Zellmembranen wirkt oder auch die Ausschüttung von Wachstumsfaktoren begünstigt, ist hoch umstritten.

Weitere aussichtsreiche Kandidaten als hirnhelfende Nahrungsstoffe sind die Polyphenole, eine Stoffklasse, zu der allerlei Moleküle gehören, die man in Kakao findet (die Flavonoide) oder in Blaubeeren (Anthocyane), in Curry (Curcumin) oder in Ginkgo-Blättern (Quercetin) und in Rotwein (Resveratrol). Wie und ob Polyphenole wirken, weiß man auch nicht so genau. Diskutiert wird, dass sie entweder die Durchblutung des Gehirns fördern oder die Bildung von Wachstumsfaktoren anregen könnten.

Hirnforscher untersuchen alles – besonders gerne Schokolade, vermutlich weil man dafür leicht Probanden bekommt. Doch warum macht uns Schokolade nun glücklich? Serotonin scheidet als Inhaltsstoff ja schon mal aus, doch die Flavonoide könnten tatsächlich der Grund sein. Gibt man Probanden einen Monat lang einen Schokodrink, der besonders reich an Flavonoiden ist, fühlen sie sich anschließend ruhiger und ausgeglichener als eine Kontrollgruppe, die Flavonoid-freie Schokolade getrunken hat. Ihre geistige Leistungsfähigkeit nimmt hingegen nicht zu.[86] Allerdings müssten Sie enorme Mengen an Schokolade essen, um ähnliche Mengen an Flavonoiden aufzunehmen: etwa 3 Kilogramm Milchschokolade jeden Tag. Ob Sie sich dann nach einem Monat noch glücklich fühlen? Ihre Waage wird Ihnen was anderes erzählen.

Polyphenole werden derzeit besonders auf ihre Wirkung auf das Gehirn untersucht. Das Problem dabei: Oft greift man auf Tiermodelle zurück – doch was sagt es aus, dass eine Ratte, die mit Blaubeer-Anthocyanen gefüttert wird, gezielter durch ein Labyrinth navigiert?[87] Sollte ich mir die Kosten für ein Navi sparen und besser mit einer Tüte Blaubeeren umherfahren? Sicher wird die Hirnforschung auch das bald herausgefunden haben.

Auch der populäre Ginkgo-Extrakt ist wohl deutlich überbewertet. Weder scheint Ginkgo den geistigen Verfall bei Alzheimer aufzuhalten[88] noch anderweitig die geistige Leistungsfähigkeit bei gesunden Probanden zu fördern.[89] Die Antwort darauf, ob Ginkgo-Pillen da Sinn haben, überlasse ich gerne Ihnen. Ohne ein genaues Verständnis seiner Wirkung ist also Weiterforschen angesagt.

Mahlzeit!

Fazit: Ernährung ist keine Medizin. Sie können gerne hochdosierte Fischöl-Kapseln essen und Ginkgo-Tee trinken, wenn Ihnen das schmeckt. Doch dadurch werden Sie nicht automatisch intelligenter. Die meisten aktuellen Studien (so widersprüchlich sie oft sind) deuten eher darauf hin, dass Fischöl oder Polyphenole schwache Effekte auf die Verlangsamung von Alterungsprozessen haben. Das wäre zwar nicht schlecht, doch echtes „Brainfood", mit dem wir uns zu Schlaumeiern essen, ist es auch nicht.

Passen Sie daher auf, wenn Ihnen jemand ein „gehirngerechtes Lebensmittel" verkaufen will. Die üblichen Inhaltsstoffe in Nahrungsmitteln werden vom Gehirn streng reguliert aufgenommen, da haben Sie wenig Einfluss drauf. Besonders lächerlich sind auch die Angaben, was alles an gesunden Inhaltsstoffen in Gewürzen enthalten sei. Diese sind oft so gering konzentriert, dass Sie Ihr Essen schon kiloweise mit Curry oder Estragon würzen müssten, damit es eine Wirkung hat (und durch die Blut-Hirn-Schranke müsste das Zeug dann auch noch durch). Sie können daher beruhigt sein: Solange Sie sich abwechslungsreich ernähren, wird sich das Gehirn schon die besten Stücke mopsen und immer gut versorgt bleiben. Was aus Ihrer Nahrung also wirkliches „Brainfood" wird und was nicht, entscheidet nur: Ihr Gehirn.

Mythos n° 15

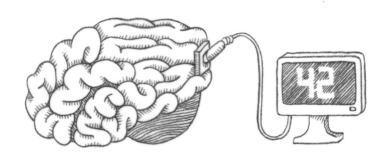

Das Gehirn rechnet wie ein perfekter Computer

Das menschliche Gehirn ist, und ich bleibe vorsichtig in meinem Urteil, ein Wunderwerk, ein biologisches Meisterstück, die bisherige Krönung aller Informationssysteme, das Beste, was sich in der Evolution entwickeln durfte. Es ist nur wenig größer als eine reife Mango und ermöglicht uns dennoch die komplexesten kybernetischen Glanzleistungen: Kein Roboter würde es zum Beispiel fertig bringen, sich feixend und Zuckerwatte essend durch die Menschenmassen auf dem Oktoberfest zu bewegen, ohne auch nur ein einziges Mal hinzustürzen. Und kein Roboter würde auch noch Gefallen daran finden. Denn Emotionen sind etwas zutiefst „Gehirnliches" und können nicht simuliert werden.

Logisch, dass man da des Öfteren hört, das Gehirn sei die perfekte Rechenmaschine, ein ausgereiftes Denkorgan, leistungsfähiger als jeder Großrechner. Denn wo die Fähigkeit eines Computers endet, beginnt die Stärke des Gehirns: Bilder malen, Gedichte schreiben, Justin Biebers Musik toll finden – auf solche Ideen kommen nur Gehirne.

Doch wie schafft es ein Gehirn, so unfassbar rechenstark zu sein, obwohl es doch so klein ist? Bis heute ist es jedenfalls nicht gelungen, die Prozesse in unserem Gehirn auch nur annähernd im Computer nachzubilden, dabei füllen die dafür verwendeten Großrechner ganze Stockwerke. Das Gehirn scheint also ein ganz besonders effektiver Computer zu sein und denkt dabei bestimmt außergewöhnlich schnell und präzise.

Der Gehirn-Computer-Vergleich ist von allen Gehirn-Analogien die derzeit populärste – und auch die verführerischste.

Denn genauso wie das Gehirn verarbeitet ein Computer Informationen (und wie der das anstellt, ist für den Normalbürger mittlerweile genauso kompliziert wie das, womit sich die Hirnforschung beschäftigt). Er speichert Daten, sortiert sie neu, tauscht sie aus und kann dabei leicht abgehört werden – Letzteres im Gegensatz zum Gehirn (im ersten Kapitel steht, warum). Offenbar scheint es also doch noch Unterschiede zwischen Computern und Gehirnen zu geben. Doch warum ist es nun so viel leistungsfähiger als ein Großrechner? Wie „rechnet" ein Gehirn überhaupt?

Das Computer-Gehirn

Wenn Sie das Gehirn mit einem Computer vergleichen, fällt als Erstes auf, dass es keineswegs so leistungsfähig und perfekt ist, wie man üblicherweise glaubt. Im Gegenteil: Verglichen mit der Rechenpower eines Computers ist ein Gehirn eigentlich kompletter Schrott. Das fängt schon bei der Rechengeschwindigkeit an. Bereits ein modernes Handy rechnet pro Sekunde über eine Milliarde Mal. Eine Nervenzelle im Gehirn kann bestenfalls 500 neue Nervenimpulse pro Sekunde erzeugen und ist daher zwei Millionen Mal langsamer.

Hinzu kommt, dass sich eine Nervenzelle auch noch häufig verrechnet, denn biologische Prozesse sind niemals so präzise wie physikalische. Die Aufrechterhaltung von Synapsen, das Ausschütten von Botenstoffen, die komplexe Biochemie der Zelle – das alles ist fehleranfällig und (im Vergleich zur präzisen Mathematik) ungenau. Grob geschätzt macht ein Neuron dabei eine Milliarde Mal so häufig Fehler wie ein Computerchip. Ein Gehirn ist also weit davon entfernt, „perfekt" zu sein.

Das Gehirn macht lauter Fehler, die Nervenzellen rechnen langsam und unpräzise – dass es dennoch funktioniert, grenzt da schon fast an ein Wunder und liegt daran, dass es nach gänzlich anderen Prinzipien arbeitet als ein Computer. Vergessen Sie deswegen bitte sofort sämtliche jemals gehörten Computer-Analogien! Sie sind alle falsch und unterschätzen die wahren Abläufe in unserem Nervennetz. Das Gehirn braucht nämlich gar nicht so schnell und präzise zu sein wie ein Computer, denn es kennt die Abkürzungen und Tricks, wie es sich lästige Rechenarbeit sparen und so viel schneller zum Ziel kommen kann.

Das Gottschalk-Erkennungsprogramm

Schon bei einfachsten Rechenaufgaben bekommen Computer schnell Probleme. So simpel es erscheinen mag, aber schon die Erkennung eines Gesichtes stellt einen Computer vor eine gewaltige Herausforderung. Uns fällt das leicht: große Nase, breites Grinsen, wallende Locken – das muss Thomas Gottschalk sein. Und verrückterweise haben Sie, sobald ich diesen Namen sage, auch das Bild dieses Fernseh-Urgesteins vor Augen, nach einem Bruchteil von Sekunden. Wenn eine Nervenzelle wirklich so langsam rechnet (wenige Hundert Mal pro Sekunde), können in dieser kurzen Zeit vielleicht gerade mal ein paar Dutzend Rechenschritte durchgeführt worden sein. Ein Computer braucht für die gleiche Aufgabe jedoch Zigtausende Rechenoperationen.

Wie geht ein Computer so ein Problem an? Er arbeitet mit Programmen. Das sind vorher festgelegte Rechenabläufe, die verwendet werden, um eine konkrete Aufgabe zu lösen. So ein Gesichtserkennungsprogramm könnte zum Beispiel das Bild in seine Einzelteile zerlegen und versuchen, Charakteristika und Merkmale zu erkennen, die man vorher als hilfreich definiert hat: Augenabstand, Symmetrien, Abmessungen und Proportionen von Gesichtsteilen. All diese Daten werden gesammelt, mit schon bekannten Gesichtern verglichen, so lange, bis es passt und das Gesicht „erkannt" wurde. All das geschieht schrittweise, und zwar nach zuvor festgelegten Abläufen, den Algorithmen.

Algorithmen sind die konkreten Rechenvorschriften, die zu einer Rechenabfolge (dem Programm) zusammengefasst werden. Mithilfe dieser Rechenvorschriften kann ein Computer nun die einzelnen Informationen eines Bildes sammeln, kombinieren und auswerten. Diese Rechenvorschriften müssen jedoch *nacheinander* durchgeführt werden. Und weil es für einen Computer nicht gerade einfach ist, Thomas Gottschalks Gesicht zu erkennen, braucht man dafür einige Tausend Rechenschritte. Das ist gut, wenn man schnell rechnen kann und keine Fehler macht. Denn macht man einen Fehler am Anfang, steht man zum Schluss dumm da, weil sich der Folgefehler in allen weiteren Rechenschritten fortpflanzt – so, wie wenn man zu Beginn einer mathematischen Rechnung einen kleinen Zahlendreher einbaut. Auch wenn daraufhin alle weiteren Rechenschritte korrekt durchführt werden, wird das Ergebnis keinen Sinn ergeben. Kleine Ursache, großer Mist.

So etwas kann sich ein Gehirn natürlich nicht erlauben – und genau deswegen „rechnet" es anders, nämlich im Netzwerk. Und das hat ganz besondere Eigenschaften.

Das Gehirn, ein Abkürzungsmeister

Rechnen im Netzwerk bietet Vorteile, die ein einzelner Computer nicht hat. Zurück zur Gesichtserkennung. Das Gehirn erhält von seinen Sinneszellen alle optischen Reize des Gesichts. Sie werden in Form von Nervenimpulsen vom Auge in die Sehzentren der Großhirnrinde geleitet. Die dortigen Nervenzellen werden erregt und erzeugen daraufhin ebenfalls neue Nervenimpulse. Diese Impulse werden an alle verknüpften Nervenzellen weitergeleitet. Dort wiederholt sich das Spiel: Ein neuer Impuls wird erzeugt und weitergeleitet. Das ist auch schon das ganze Geheimnis des Gehirns. Denn mehr kann es eigentlich nicht.

Der Witz ist nun: Die Weiterleitung und Übertragung der Nervenimpulse auf weitere Neuronen erzeugen ein ganz cha-

Das Gehirn rechnet wie ein perfekter Computer

rakteristisches Aktivitätsmuster im Netzwerk. Und genau dieses Muster, die Art und Weise, wie ein Netzwerk in genau diesem Moment aktiviert ist, das ist es, was wir „Information" oder „Gedanke" nennen. Das Bild von Thomas Gottschalk wird Ihr neuronales Netz im Gehirn also auf eine ganz besondere Art aktivieren – und genau diese Aktivierung in genau diesem Moment, das ist das Bild von Thomas Gottschalk.

Im Unterschied zu einem Computer erfolgt die Bildverarbeitung dabei *parallel*, denn viele Nervenzellen können gleichzeitig aktiviert werden. Eine Bildinformation wird also nicht nacheinander verarbeitet – es wird vielmehr ein *Muster* erzeugt, das an viele verschiedene Neuronengruppen verteilt wird. So spart sich das Gehirn lästige Rechenarbeit, die erstens fehleranfällig wäre und zweitens zu lange dauern würde (schließlich ist das Gehirn im Vergleich zu einem Computer ein echter Faulpelz).

Ein einzelner Rechenschritt, also die Übertragung eines Nervenimpulses von einer Nervenzelle auf eine andere, ist zwar immer noch recht langsam, doch in einem Netzwerk wird schon nach wenigen Schritten eine große Zahl an Neuronen aktiviert: Im Schnitt ist eine Nervenzelle im Großhirn mit 10 000 anderen Zellen verbunden. So können nach wenigen Dutzend Rechenschritten schon Millionen von Neuronen aktiv sein. Was für eine ungeheure Abkürzung! Man muss nicht mühsam einen Rechenschritt nach dem anderen durchführen, sondern teilt sich die Arbeit einfach auf. Da kann ein Computer nicht mithalten.

Hinzu kommt: Wenn viele Zellen im Netzwerk mitmachen, ist die Informationsverarbeitung sehr robust. Entscheidend ist nämlich nur, dass das Endprodukt, das Aktivierungsmuster im Netzwerk, ungefähr stimmt. Hier mal ein Neuron mehr aktiv, dort mal ein paar weniger, das macht nicht viel, wenn insgesamt viele Millionen oder gar Milliarden Zellen zur Aktivierung beitragen. Gehen Sie mal in ein Fußballstadion, dann merken Sie, was ich meine. Wenn 30 000 Fans anfangen zu singen, klingt das überraschenderweise ziemlich harmonisch. Überraschend, denn ich wage zu bezweifeln, dass die einzelnen Fans besonders gute Sänger sind. Doch je mehr im Chor mitsingen, desto unwichtiger wird die Performance des Einzelnen. Ob mal einer zu laut, zu schnell oder zu schief singt, spielt keine große Rolle, wenn um einen herum noch viele Tausend andere sind. Präzision wird ersetzt durch die Aktivität einer Gruppe, die sich synchronisiert.

Zellmathematik

Obwohl ein Gehirn also kein Computer ist, kann es trotzdem sehr gut rechnen. Doch auch hier gilt: Nervenzellen sind faul und können nichts außer Plus und Minus. Man kann also getrost auf Multiplizieren, Dividieren und die Integralanalyse polynomieller Funktionen verzichten, um alle grandiosen Gedanken der Menschheit hervorzubringen – tut mir leid, liebe Mathelehrer.

Alle Nervenzellen sind im Prinzip „Rechner im Miniaturformat". Zwar sind Nervenzellen tatsächlich ziemlich unbegabt und können nichts anderes, als Impulse zu empfangen und neue zu erzeugen. Doch genau an diesem Übergang zwischen Empfangen und Senden findet das wichtige Rechnen im Nervensystem statt. Denn neue Nervenimpulse entstehen nicht einfach so. Damit sich ein Neuron dazu durchringt, einen Nervenimpuls zu erzeugen, muss dieser ausreichend stark sein.

Neue Impulse treffen an einer Nervenzelle an den Synapsen, den Kontaktstellen, ein. Nun können solche Synapsen nicht nur erregend, sondern auch hemmend sein, je nach Botenstoff und Rezeptor. Die Nervenzelle addiert alle eintreffenden Impulse, die jeweils unterschiedlich stark, schwach, erregend oder hemmend sind. Auch der Ort der eintreffenden Impulse spielt eine Rolle. Liegen die Synapsen eng beieinander, können sie die Nervenzelle leichter erregen, als wenn sie weit voneinander entfernt sind.

Das Gehirn rechnet wie ein perfekter Computer

Wichtig ist dabei: Eintreffende Impulse empfängt eine Nervenzelle über die „Empfangsantennen", die Dendriten, die wie viele kleine Äste am Zellkörper sitzen. Ein neuer Impuls wird aber nur an der „Sendeantenne", dem Axon, erzeugt. Mit anderen Worten: Neue Impulse werden von einer Nervenzelle nur ausgelöst, wenn ein *Schwellenwert* am Axon überschritten wird. Alle eintreffenden Nervenimpulse werden gesammelt, und sie überlagern sich. Die Nervenzelle zählt alle diese Impulse zusammen: 5000 stark erregende, 2000 mit leichter Erregung, 1500 mit starker Hemmung: Reicht das, um selbst einen Impuls zu erzeugen? Die wichtige Recheneinheit einer Nervenzelle liegt daher genau dort, wo das Axon beginnt, am „Axonhügel". Hier werden alle eintreffenden Impulse gesammelt, und es wird ein neuer Impuls nach einem einfachen Mechanismus erzeugt: „Wenn ich genügend aufgeregt werde, dann feuer ich selbst los."

Das hört sich tatsächlich ziemlich mathematisch an, doch man darf niemals vergessen: Während ein Computer nur mit Nullen und Einsen rechnet, packt ein Nervensystem das ganze biochemische Besteck aus und operiert mit einem ganzen Cocktail an Botenstoffen, der in einer Synapse ausgeschüttet werden kann. Synapsen sind nicht einfach „an" oder „aus", sondern können in ihrer Aktivität präzise eingestellt werden. Genauso, wie man eine Beleuchtung dimmen kann, können auch Synapsen „ein kleines bisschen erregen" oder „sehr stark feuern".

Hinzu kommt: Synapsen können auch andere Synapsen beeinflussen – eine hemmende Synapse kann also an eine erregende Synapse andocken und diese „runterfahren". Das vervielfacht die Interaktionsmöglichkeiten der Nervenzellen und macht das System so richtig lebendig. Ein Computer kann da nicht mithalten, dort fließt entweder Strom im Schaltkreis oder eben nicht.

Im Endeffekt bedeutet das: Sobald Nervenimpulse von einem Neuron auf ein anderes übertragen werden, werden diese dort mit anderen Nervenimpulsen kombiniert. Aus der Kombination all dieser Impulse ergibt sich ein neuer Impuls – und schon an einer einzigen Zelle können das einige Tausend sein. Je weiter sich die Aktivierung im Netzwerk ausbreitet, desto stärker verändert sie sich, sie wird verarbeitet. Am Anfang waren es also bloße elektrische Signale von Sinneszellen im Auge – zum Schluss entsteht eine großflächige Aktivierung im Gehirn, das fertige Bild. Kurz gesagt: Im Gehirn gibt es keinen zentralen Prozessor, der die Daten verarbeitet. Das *ganze* Gehirn ist ein einziger Prozessor.

Ein lebender Rechner

Doch woher wissen die Nervenzellen, wie und wo sie ihre Synapsen ausbilden müssen und welche Botenstoffe zu verwenden sind?

Sie wissen es nicht! Denn für ein Gehirn gibt es keinen Bauplan. Sicher, die groben anatomischen Strukturen sind genetisch festgelegt (ein Hippocampus sieht bei allen Menschen ähnlich aus). Aber im Detail ist jedes Gehirn individuell – im Gegensatz zu einem Computer. Denn ein Computer wird konstruiert, indem man sich vorher überlegt, wie er später aussehen soll. Computerprogramme müssen im Vorhinein für konkrete Aufgaben geschrieben werden, sonst können sie nicht funktionieren. Ein Gehirn konstruiert sich jedoch, während es arbeitet – ohne zu wissen, wie es später mal aussehen wird, und deswegen ist es auch niemals perfekt oder fertig. Wie bei einer niemals enden wollenden Großbaustelle wird immer weiter an ihm herumgewerkelt. Und das ist gewollt – im Gegensatz zu manchem Flughafen oder Bahnhof in Deutschland. Denn schließlich muss das Gehirn immer fit bleiben für die nächste Herausforderung. Wäre es einmal vollendet, könnte es auch nichts Neues mehr lernen.

Vergessen Sie daher auch Sätze wie: „Wir haben immer noch ein Steinzeithirn, das gar nicht für die heutige Zeit konstruiert ist." Denn unser Gehirn wurde für überhaupt keine bestimmte Zeit konstruiert. Es ist viel besser: Es passt sich permanent den Reizen an, die auf es eintreffen, es ist *plastisch*. So ist das Gehirn immer auf dem neuesten Stand, braucht niemals Updates oder Verbesserungen. Über einen Computer, den ich vor 10 Jahren gekauft habe, kann ich heute nur noch lachen. Doch ein Gehirn veraltet nicht.

Ein Sisyphos-Organ

Ob Sie also im afrikanischen Busch vor 30 000 Jahren, im Mittelalter oder im heutigen Pirmasens leben: Es gibt kein besseres Organ, um sich zurechtzufinden, als das Gehirn. Denn ein Computerprogramm kann nur das verarbeiten, für das es konstruiert wurde (und manche Programme noch nicht mal das). Wird ein Computer mit einer neuen Aufgabe konfrontiert, steht er dumm da. Das passiert einem Menschen auch oft (schauen Sie sich nur um), doch sein Gehirn passt sich selbstständig an die Umweltreize an und verbessert sich selbstständig.

Hier sieht man auch den Hauptgrund dafür, dass das Gehirn Fehler macht: Weil es erst lernen muss, wie es eine Information zu verarbeiten hat, klappt das beim ersten Mal so gut wie nie. Es muss aktiv sein, benutzt werden, damit es sich immer weiter optimieren kann. Mit jedem eintreffenden Reiz verändert es seine Netzwerkarchitektur, damit dieser Reiz beim nächsten Mal noch besser verarbeitet werden kann. Doch wenn es sich an einen Reiz gut angepasst und sein Netzwerk fein justiert hat, dann ist das vielleicht nicht optimal für einen anderen Reiz, der das Netzwerk wieder ein wenig in eine andere Richtung formt. Wie ein Sisyphos-Organ ist das Gehirn deswegen ständig dabei, sein Netzwerk bestmöglich den eintreffenden Reizen anzupassen – doch den optimalen Zustand gibt es nicht.

Das ist auch gar nicht schlimm, sondern die Grundbedingung dafür, dass wir etwas Neues lernen oder denken können.

Der Fehler am Anfang ist der Preis für den Erfolg am Schluss. Beispiel Sprache: eine hochkomplexe Angelegenheit, die nicht nur die Feinabstimmung von Muskeln und Atmung erfordert, sondern auch eine Idee davon, was ein Wort überhaupt bedeuten soll. Selbst ein menschliches Gehirn (und sei es das beste auf der ganzen Welt) braucht Jahre, um das zu kapieren. Ein Baby brabbelt deswegen zunächst sinnlos vor sich hin, bis das Netzwerk die Sprachmuster immer besser extrahiert und sich anpasst. Zwei Jahre macht ein Kind fast nur Fehler, bis es dann die ersten Worte spricht: „Mama, ich will Investmentbanker werden!" Was für ein erhebendes Gefühl.

Hirn-Computer der Zukunft

Computer können also deutlich besser, präziser und schneller rechnen als ein Gehirn. Doch das müssen sie auch, denn ihre Programme verlangen nach fehlerlosen Rechenkünsten. Die Funktion eines Gehirns mit einem Computer zu vergleichen, hat also wenig Sinn. Deswegen versucht man im Augenblick den umgekehrten Weg zu gehen und Computer so zu konstruieren, dass sie wie Gehirne funktionieren. So kann man schon heute komplexe Aufgabenstellungen in „künstlichen neuronalen Netzen" bearbeiten, die nach ähnlichen Prinzipien arbeiten wie ein echtes biologisches Nervennetzwerk: Informationen werden verteilt und parallel verrechnet, das Netz passt sich selbstständig an eintreffende Reize an, indem es die Verbindungen zwischen den Recheneinheiten verändert (übrigens arbeiten die neuesten Gesichtserkennungsprogramme so ähnlich).

In großangelegten Forschungsprojekten versucht man daher genau diesem Ziel näher zu kommen und eines Tages ein Gehirn im Computer zu simulieren. In der Hoffnung, dass die Rechenleistung der dafür verwendeten Supercomputer weiter steigt, investiert die Europäische Union bis 2023 1 Milliarde Euro in das „Human Brain Project". So soll mit Großrechnern das erreicht werden, was ein Gehirn spielend leicht beherrscht: Zuckerwatte essen, über das Oktoberfest laufen – und darüber nachdenken, was man da gerade macht. Ich wünsche den Computern der Zukunft schon jetzt viel Spaß dabei!

Mythos n° 15,5

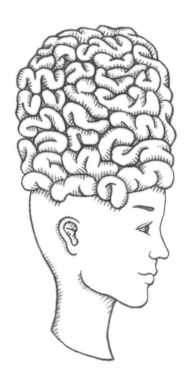

Der Speicherplatz im Hirn ist praktisch unbegrenzt

Manche Mythen in diesem Buch haben fast schon Kultstatus erreicht. Andere sind noch dabei, an selbigem zu arbeiten. Es fängt mit der Vorstellung an, dass das Gehirn so ähnlich funktioniere wie ein Computer, spinnt sich fort damit, dass wir einen festgelegten Speicherplatz im Gehirn hätten, mischt sich mit biologischer Verklärung (das Gehirn ist viel toller als ein Computer), und ruckzuck steht ein neuer Mythos im Raum: Unsere Hirnkapazität ist praktisch unbegrenzt, das Gehirn so komplex, dass es unfassbare Datenmengen speichern kann. Theoretisch. Viel mehr jedenfalls, als wir das bisher tun.

Wehret den Anfängen! Bevor sich dieses ungesunde Halbwissen unkontrolliert verbreitet, wird es deswegen hier an Ort und Stelle auch noch zur Strecke gebracht. Als Teil des Computer-Mythos. Mythos n° 15,5 sozusagen.

Wie ist das nun mit dem Speicherplatz im Gehirn? Wie viele Informationen können wir uns merken – ist das Gehirn tatsächlich wie eine Speicherkarte, die niemals voll wird? Eine gute Gelegenheit, zu erklären, dass das Gehirn Informationen eben nicht wie auf einer Festplatte speichert.

Information im Kopf

Im vorigen Kapitel ist klar geworden, wie das Gehirn rechnet. Nämlich nicht mit schrittweisen Algorithmen, sondern parallel im Netzwerk. Der Unterschied könnte fundamentaler nicht sein: In einem Computer gibt es Hardware (zum Beispiel die

Halbleiterbausteine auf einem Chip) und Software (die Computerprogramme). In einem Gehirn ist das anders. Denn – und jetzt kommt's – dort sind Hard- und Software *dasselbe*. Ich halte diesen Satz für den vielleicht wichtigsten im gesamten Buch. Wenn Sie sich also nach der Lektüre an irgendetwas erinnern sollten, dann bitte daran, dass das Gehirn keinen Unterschied macht zwischen den ablaufenden „Programmen" und der Plattform, auf der sie laufen.

Das bedeutet konkret: Im Computer gibt es eine Recheneinheit (einen Prozessor), die die Software, die Daten, bearbeitet. Daten sind elektronisch gespeicherte Zeichen, üblicherweise eine Abfolge von Nullen und Einsen. Das Wort „Unsinn" wird zum Beispiel als 01010101 01101110 01110011 01101001 01101110 01101110 gespeichert (braucht 48 Bit Speicherplatz). Damit man diese Ziffern auch wiederfindet, werden sie an einem bestimmten Ort platziert, sie erhalten eine Adresse. Dafür gibt es auf dem Computer eine Festplatte mit einem begrenzten Speicherplatz, und wenn der voll ist, kann man keine lustigen Katzenbabyfotos mehr abspeichern.

Im Gehirn ist das komplett anders. Hard- und Software sind dasselbe, also gilt das auch für die Daten und deren Adressen. Hinzu kommt: Daten im Computer haben per se keinen Sinn. Damit daraus eine Information wird, müssen sie interpretiert werden. Die Ziffernfolge „46244" könnte die Postleitzahl von Bottrop-Kirchhellen sein, oder die Zahl promovierter Mathematiker in diesem Ort. Der Computer hat jedenfalls keine Ahnung, was Sache ist. Auch das ist im Gehirn anders. Wir speichern Daten (zum Beispiel Ziffernfolgen) ja nur dann ab, wenn wir etwas damit anfangen können.

Also ist alles eins: Daten, Adressen, Information, denn es ist in der Architektur des Netzwerks gespeichert. Diese Architektur, das Verknüpfungsmuster, repräsentiert die Art, wie das Netzwerk aktiviert werden kann. Und genau dieses Aktivierungsmuster ist der Gedanke, die Information, die uns bewusst wird. Deswegen gibt es im Gehirn keine Festplatte, keinen eigenständigen Speicherplatz (genauso wenig wie es auch einen Prozessor gibt). Das ganze Gehirn, das gesamte Netzwerk speichert Informationen, indem es die Nervenzellkontakte so anpasst, dass ein Aktivitätsmuster (eine Information) leichter ausgelöst werden kann.

Das Gehirn – unbegrenzt und doch endlich?

Eine Information ist also die Art, wie ein Nervenzellnetzwerk gerade aktiv ist. Doch wie viele verschiedene Möglichkeiten gibt es, ein solches Netzwerk zu aktivieren? Das Gehirn ist schließlich nicht unendlich groß, also kann der Speicherplatz auch nicht unbegrenzt sein – oder doch?

Gegenwärtig geht man davon aus, dass es im erwachsenen Gehirn etwa 80 Milliarden Nervenzellen gibt. Jede Nervenzelle ist dabei im Durchschnitt mit 10 000 anderen Zellen verbunden. Ergibt 800 Billionen Verknüpfungen. Zur Vereinfachung nehmen wir mal an, dass eine Verknüpfung entweder „an" oder „aus" ist. In diesem Fall gibt es etwa – und jetzt schnallen Sie sich besser an! – 10 hoch 24 Milliarden Möglichkeiten, wie die Nervenzellen gerade aktiv sein könnten. Schon das ist unvorstellbar, doch die Zahl der Möglichkeiten, die einzelnen Synapsen zu aktivieren, ist sogar noch größer und liegt bei grob gerundeten 10 hoch 241 Billionen! Das ist eine Zahl mit 241 Billionen Nullen. Zum Vergleich: Der Schuldenstand Berlins hat noch nicht mal 11 Nullen. Man bräuchte 625 Millionen Bücher wie das, das Sie gerade in den Händen halten, nur um diesen ganzen Haufen Nullen aufzuschreiben.

Diese Zahl ist so gigantisch, dass ich keine Ahnung habe, wie ich sie Ihnen begreiflich machen könnte. Selbst astronomische Vergleiche erscheinen dagegen geradezu putzig: Im gesamten Universum gibt es schätzungsweise 10 hoch 24 Sterne, auf der Erde etwa 10 hoch 50 Atome – Kinkerlitzchen im Vergleich zur Aktivitätsvielfalt im Gehirn. Hinzu kommt: Die Verknüpfungen im Netzwerk, die Synapsen, sind nicht einfach an oder aus, sondern können unterschiedlich stark aktiv sein oder sich sogar gegenseitig beeinflussen. Mal werden mehr Botenstoffe ausgeschüttet, mal weniger. Das vervielfacht die Möglichkeiten der Musterbildung nochmals.

Die schlechte Nachricht ist also: Ja, die Zahl der möglichen Aktivitätszustände im Gehirn ist theoretisch begrenzt. Die gute: Sie ist so groß, dass Sie sich eigentlich mehr Daten merken können, als es Atome im Sonnensystem gibt. Spätestens jetzt gibt es keine Ausrede mehr, Ihren Hochzeitstag zu vergessen.

Geteiltes Netz gleich besseres Netz

Nach diesen theoretischen Überlegungen nun in die Praxis. Was bedeutet das konkret? Denn schließlich ist nicht jeder Aktivitätszustand des Nervennetzwerks eine komplett eigenständige Information im Gehirn.

Nehmen wir mal an, Sie erinnern sich an Ihre Mutter. Vielleicht sind gerade 120 Millionen Nervenzellen gleichzeitig daran beteiligt, ein Muster zu erzeugen, das Ihnen als Bild Ihrer Mutter bewusst wird. Eine Zelle mehr oder weniger spielt da keine große Rolle. Genau das macht das System ja auch so robust. Um das Bild Ihrer Mutter auszulöschen, reicht es also nicht, ein paar Zellen zu zerstören. Sie müssten schon die Architektur zwischen den Zellen komplett verändern, damit sich das Aktivierungsmuster „Mutter" nicht mehr ausbilden kann.

Außerdem bedeutet das: Informationen können sich überlappen. Denn Teile des Aktivitätsmusters „Mutter" könnten gleichzeitig auch Teile des Aktivitätsmusters „Vater" sein (ganz sicher ist das so). Deswegen kommen Informationen im Gehirn immer als Teil eines Informationsnetzwerks vor. Nicht wie in einem Computer, wo eine Dateneinheit schön geordnet neben der anderen liegt, sondern verbunden mit vielen anderen Informationen. Es gibt also nicht den einen Ort, wo wir unsere Erinnerungen ablegen, einen festen Speicherplatz, sondern nur ein weit verteiltes Netz, das alles speichert.

Der Speicherplatz im Hirn ist praktisch unbegrenzt

Komplett anders ist das in einem Computer. Denn wenn im Computer die Festplatte voll ist, muss etwas gelöscht werden, um Platz zu schaffen für etwas Neues. Im Gehirn wird erst mal gar nichts gelöscht, sondern immer nur hinzugefügt, indem sich die Verknüpfungen im Netzwerk ein kleines bisschen anpassen. Das kann unter Umständen bedeuten, dass eine vorherige Information nun nicht mehr so gut gespeichert ist, weil sich das Netzwerk für diese Information ungünstig verändert hat. Trotzdem ist aber auch diese Information nicht sofort verloren.

Diese Arbeitsweise macht es sinnlos, die momentane Größe des „Speicherplatzes Gehirn" zu ermitteln: 100 Terabyte, 100 Petabyte, 100 Exabyte … bringt alles keinen Erkenntnisgewinn, denn das Gehirn passt seine Kapazität immer dem Informationsbedarf an. Eine Information im Gehirn ist auch anders definiert als im Computer. Wie wollen Sie die Erinnerung an Ihre Mutter, ihr Bild, ihre Stimme, ihren Duft, die Gefühle, die sie bei Ihnen hervorruft, in Bits und Bytes fassen? Womit Sie es können, sind die Muster im Netz. Und diese Muster werden mit analogen Signalen, den Botenstoffen, beliebig moduliert.

Verabschieden Sie sich daher von einer „Speicherplatz-Vorstellung". Es hat biologisch keinen Sinn zu denken, wir füllten unser Hirn immer weiter mit Informationen auf, und irgendwann sei die Kapazitätsgrenze erreicht. Denn der „Speicher im Gehirn" ist quasi immer voll – wir haben ja schon gesehen, dass im Gehirn keine freien Ressourcen verschwendet werden (Mythos n° 8 „Wir nutzen nur 10 Prozent unseres Gehirns"). Mit der nächsten Information wird das Fassungsvermögen des Gehirns einfach ein bisschen größer, damit Neues auch noch Platz findet. Der Speicherplatz passt sich also dynamisch der Informationsmenge an. Dieser Prozess wird jedoch mit zunehmender Anzahl an Informationen immer komplizierter. Und deswegen ist der Speicherplatz im Gehirn praktisch doch begrenzt!

Mythos n° 15,5

Egoistische Informationen

Jede eintreffende Information verändert das Netzwerk immer zu ihren Gunsten – komplett egoistisch, ohne Rücksicht auf andere Informationen. Wenn das jedoch stimmt, wird klar, warum es neben der theoretischen auch eine praktische Obergrenze der Hirnkapazität geben muss. Denn das bedeutet auch, dass jede neue Information eine bestehende „ein bisschen" löscht. Bisherige Informationen verschwinden daher nicht plötzlich aus dem Gedächtnis, doch sie werden von neuen Informationen immer weiter verdrängt. Sie dämmern quasi weg, wenn sie nicht dauerhaft (in Form von sehr stabilen Synapsen) in der Netzwerkarchitektur verankert sind oder sie nicht wiederholt aktiviert werden.

Umkehrschluss: Mit zunehmender Anzahl an eintreffenden Informationen wird es für das Gehirn immer schwieriger, eigenständige Aktivierungsmuster im Netzwerk abzuspeichern. Jedes neue Muster überlappt sich mit einem schon bestehenden. Das zu trennen und dennoch schnell auf die Muster zuzugreifen, das wird irgendwann sehr kompliziert und dauert lange.

Man kann sich also auch sein Gehirn (so unfassbar dynamisch es auch sein mag) mit so vielen Informationen zumüllen, dass die Leistungsfähigkeit stark sinkt. Diese theoretischen Überlegungen wurden vor kurzem anhand von künstlichen neuronalen Netzen simuliert. Und tatsächlich: Je mehr Informationen ein solches künstliches Netz verarbeiten muss, desto länger braucht es dafür.[90] Aus dem einfachen Grund, dass das Netzwerk irgendwann zu unübersichtlich wird. Denn alle Verknüpfungen im Netz repräsentieren die bisher eingetroffenen Informationen, die ihren jeweiligen „Fingerabdruck" im Netz hinterlassen haben. Im Laufe der Zeit sammeln sich viele solcher Verknüpfungsmuster an, die sich überlagern – ohne sich gegenseitig komplett auszulöschen. Irgendwann wird dieses parallele Arbeiten aber so komplex, dass es selbst einem Gehirn zu viel wird. Vielleicht könnte es ab einem bestimmten Punkt noch mehr Informationen aufnehmen – doch das wäre nicht effizient, weil dann zu viele andere Informationen beeinträchtigt wären und das Nervennetzwerk nicht mehr effektiv speichern könnte. So stellt sich eine praktische Obergrenze des Speicherplatzes ein.

Deswegen passt das Gehirn auf, keinem Information-Overkill zu erliegen. Und dafür hat es sich einen raffinierten Mechanismus ausgedacht.

Das Lernsieb

Damit das Gehirn nicht in einem Wust an Informationen untergeht, siebt es knallhart das aus, was es nicht braucht. Eine Information wird nämlich nur dann in Form einer charakteristischen Netzwerkaktivierung verankert, wenn sie wichtig ist. Und es gibt nur ein einziges Kriterium, mit dem das Gehirn die Wichtigkeit beurteilt: wie oft eine Information wiederholt wird. Einmal ein Wort gehört – gleich wieder vergessen. 10 Mal – schon besser. Doch erst ab vielen Tausend Mal ist das Wort auch wirklich nachhaltig im Netzwerk gespeichert.

Das Gehirn braucht also einen Aufpasser, der diese „Bewertung" von Informationen übernimmt. Ein Lernsieb gewissermaßen, das nur das durchlässt, was sich lohnt, Informationsschrott hingegen aufhält und wieder rauswirft. Genau das macht der Hippocampus, von dem wir schon an einigen Stellen gehört haben.

Der Hippocampus funktioniert wie ein Kurzzeitspeicher. Alles, was sich so im Laufe des Tages ansammelt, hinterlässt ein Aktivitätsmuster im Hippocampus. Langfristig werden Informationen jedoch weit verteilt im Gehirn, vor allem in der Großhirnrinde, gespeichert. Dort kommen sie aber nur hin, wenn der Hippocampus sie genügend oft aktiviert und auf diese Weise dem Großhirn präsentiert. Selbst das relativ träge Großhirn kriegt nach einigen Tausend Wiederholungen mit, dass es diese Information nun zu speichern hat, und überträgt das Aktivitätsmuster einer Information im Hippocampus in sein eigenes Netz.[91] Was dem Hippocampus zu unwichtig erscheint (weil es zu selten aktiviert wurde), wird dem Großhirn deswegen gar nicht erst zugänglich gemacht.

Der Hippocampus macht Informationen also wichtig. Genauso wie ein YouTube-Video dann besonders interessant wird, wenn es viele Leute geklickt haben, wird auch eine Information im Netzwerk bedeutsam, wenn sie oft aktiviert wird. Dann gräbt sie sich immer tiefer in die Architektur des Netzes ein und ist nur noch schwer zu verdrängen.

Das begrenzte Hirn

Viel wichtiger, als möglichst viel zu speichern, ist es also, möglichst viel überflüssigen Informationsmüll auszusortieren, bevor er das Netzwerk belastet. Das Gehirn schützt sich daher vor überflüssigen Aktivierungen, die sein Netzwerk nur stören würden. Das ist wichtig, denn auch ein Nervennetzwerk mit galaktischen Aktivierungsmöglichkeiten muss sinnvoll genutzt werden, damit es nicht unübersichtlich wird. Erst dann kann es Informationen effektiv behalten.

Apropos behalten: Das Wichtigste, das Sie aus diesem Kapitel mitnehmen sollen, sind drei Dinge. Erstens: Im Gehirn gibt es keinen Unterschied zwischen Hard- und Software. Zweitens: Der „Speicherplatz" im Gehirn ist dynamisch und immer so groß wie gerade benötigt. Drittens: Informationen sind im Gehirn etwas völlig anderes als im Computer. Es sind Aktivitätsmuster. Diese Muster können sich leicht überlagern. Die Information „lecker" ist zum Beispiel gleichzeitig Teil der Netzwerke „Currywurst" und „Putenrollbraten". Deswegen springen wir auch so leicht von einem Gedanken zum nächsten, wir werden leicht abgelenkt. Mit schwerwiegenden Auswirkungen, das sehen wir im nächsten Kapitel.

Mythos n° 16

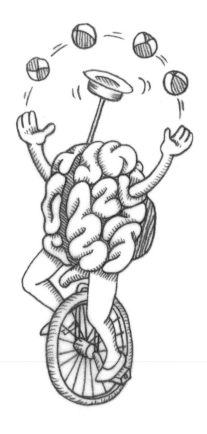

Wir können Multitasking

Ich bewundere meine Oma: Allabendlich sitzt sie im Fernsehsessel, schaut Sissi, isst einen Keks und blättert in der *Neuen Welt*. Das sind vier Sachen auf einmal. Multitasking ist offenbar möglich – und gar nicht so schwer. Ich bin hingegen nach einem anstrengenden Tag oft so geschafft, dass mir schon fast das Einschlafen zu viel ist.

Die Fähigkeit, mehrere Dinge parallel auszuführen, ist schwer in Mode und ganz besonders wichtig in der heutigen Zeit. Wie will man überhaupt existieren, wenn man nicht permanent seine E-Mails checkt, telefoniert, Textnachrichten schickt und sich Musik hörend durch den öffentlichen Nahverkehr zwängt? Wir werden gleichzeitig von so vielen Informationen belagert, dass wir ständig Entscheidungen treffen müssen, um unser Überleben zu sichern: zurückrufen oder abwarten? Kaufen, halten, verkaufen? Döner, Burger oder Currywurst? Und das alles simultan!

Multitasking wird so zum entscheidenden „Soft Skill", um in unserer Welt zurechtzukommen. So rühmen sich auch Bewerber in Lebensläufen ihrer Multitasking-Fähigkeiten – ein Eigentor, wie wir in Kürze sehen werden. In Zeiten permanenter Ablenkung, zappelnder Handys und blinkender Facebook-Anzeigen muss man ständig seine Aufmerksamkeit auf viele Dinge verteilen, das verlangt einiges Geschick.

Aufmerksamkeit, das fordere ich natürlich auch von Ihnen beim Lesen. Wenn Sie besonders gut aufgepasst haben, haben sich die Erkenntnisse aus dem vorherigen Kapitel in Ihrem Gehirn als Aktivitätsmuster niedergeschlagen – und Sie wissen nun, dass ein Gehirn eigentlich genau so denkt, wie es für Multitasking nötig ist: parallel im Netzwerk. Informationen werden verteilt bearbeitet und anschließend von verschiedenen Nervenzellgruppen zusammengeführt. So können wir gleichzeitig hören, sehen, schmecken, riechen und uns darüber Gedanken machen. Alles klar, könnte man vorschnell meinen, Thema erledigt, Multitasking ist nicht nur machbar, sondern wird permanent praktiziert.

Doch stimmt das tatsächlich? Sind wir wirklich in der Lage, bewusst mehrere Dinge parallel zu tun? Was passiert in unserem Gehirn, wenn wir multitasken? Und was ist überhaupt „Aufmerksamkeit"?

Das Tor zum Bewusstsein

Bevor eintreffende Reize im Großhirn verarbeitet werden, müssen sie am Zwischenhirn vorbei. Wie ein Torwächter zum Bewusstsein bewertet es die Information: Aufmerksamkeit nötig? Dann in den Stirnbereich schicken. Simple Standardaufgabe? Dann ab in die Großhirnbereiche, die auch ohne Bewusstsein klarkommen (zum Beispiel in den Nackenbereich, wenn es sich ums Sehen handelt).

Nun wissen wir jedoch alle: Wir langweilen uns schnell, wenn nichts Neues passiert. Der wahre Großmeister im Sich-Langweilen ist aber eben jenes Zwischenhirn, denn schon nach ein paar Sekunden hat es keine Lust mehr, einen Reiz ins Bewusstsein zu lassen, solange dieser sich nicht ändert. Mit anderen Worten: Damit wir uns bewusst auf etwas konzentrieren, muss uns immer wieder etwas Neues geboten werden. Bewusstsein und Aufmerksamkeit sind nämlich die höchsten Ehren, die einem Reiz zuteilwerden können.

Multitasking im Gehirn ist somit tatsächlich nichts Besonderes. Viele Informationen werden ins Unterbewusstsein geschickt und dort ohne unser bewusstes Zutun verarbeitet. Die meiste Zeit verarbeiten wir Aufgaben mit diesem „Autopiloten-Modus", denn das Gehirn hat erkannt, welche Lösungsmuster es anwenden muss, und schafft das vollautomatisch. Wir fahren Fahrrad, ohne dass wir über jeden Tritt nachdenken müssen, und können uns dabei mit anderen unterhalten. Falls das Gehirn einmal gelernt hat, welche Aktivierungsmuster es auslösen muss, um mit den Standardbedingungen klarzukommen, klappt das auch ohne Aufmerksamkeit. Das ändert sich erst, wenn die Situation ungewöhnlich wird, dann müssen wir eine Aufgabe „bewusst" lösen. Und dieses parallele Verarbeiten von unabhängigen Aufgaben (mit unterschiedlichen Zielen) im Bewusstsein, das ist das, was „echtes" Multitasking ausmacht.

Ordnung auf dem Gehirn-Schreibtisch

Doch echtes Multitasking ist gar nicht so leicht. Denn Aufmerksamkeit ist ein kostbares Gut im Gehirn und wird von einem Hirnbereich kontrolliert, der bei uns Menschen besonders ausgeprägt ist. Er liegt im vorderen Teil des Stirnlappens, der Fachmann nennt ihn deswegen auch präfrontalen Cortex (lateinisch für „vordere-vorne Rinde"). Oft wird auch der Begriff „Arbeitsspeicher" verwendet, aber spätestens nach den vorherigen Kapiteln ist klar, dass ein solcher Begriff aus der Computersprache im Gehirn nichts verloren hat.

Im präfrontalen Cortex wird nämlich nichts gespeichert, sondern lediglich zusammengeführt, was gerade wichtig ist. Die Aktivitätsmuster verschiedener Hirnbereiche können so im präfrontalen Cortex zu einem neuen Aktivitätsmuster kombiniert werden. Bewusstes Erleben entsteht auf diese Weise direkt in unserer Stirn.

Nicht falsch verstehen! Dieser Stirnbereich ist keine übergeordnete Steuereinheit im Gehirn, die Bewusstsein erzeugt. Er steuert unsere Aufmerksamkeit, doch Bewusstsein ist mehr als das. Es entsteht vielmehr durch die großflächige Aktivierung und das synchrone Wechselspiel weit verteilter Hirnareale. Das

Wesen des Bewusstseins ist wissenschaftlich immer noch hoch umstritten, doch gegenwärtig geht man davon aus, dass jeder Gedanke (jedes Aktivierungsmuster) bewusst wird, wenn er nur oft genug zwischen verschiedenen Hirnregionen und dem präfrontalen Cortex hin und her geschickt wird. Wie daraus jedoch bewusstes Erleben wird, können wir (noch) nicht erklären.

Insofern ist der präfrontale Cortex kein „Bewusstseins-Modul", wie oft behauptet wird, sondern eine Plattform für das Neukombinieren von Gedanken. So ähnlich wie auf meinem Schreibtisch: Dort liegen Bücher aus meinem Regal, Post aus dem Briefkasten, Zeitschriften vom Kiosk, Schmierpapier und Zettel. Der Schreibtisch selbst ist der Ort, an dem alle Informationen zusammengeführt werden und dieses Buch entsteht. Bin ich fertig, wird alles entfernt und der Schreibtisch ist für die nächste Aufgabe bereit.

Damit ich eine Information auf meinem Schreibtisch auch auswerten und neu kombinieren kann, sollte sie schon einige Zeit dort bleiben. In einer Zeitschrift blättere ich ein paar Stunden, dann kommt sie beiseite. Ein Buch verweilt schon ein bisschen länger. Schmierpapier mit Notizen bleibt fast ewig liegen, wie ich gerade merke. Der Gehirn-Schreibtisch, der präfrontale Cortex, funktioniert viel schneller. Im Gehirn muss eine Information aus einem entfernten Hirnbereich nämlich nur für mindestens eine Zehntelsekunde mit dem präfrontalen Cortex synchronisiert werden, dann wird sie uns bewusst.

Im Unterschied zu meinem Schreibtisch erhält der präfrontale Cortex aber nur Kopien der eigentlichen Information. Wenn uns also ein Bild bewusst wird, so bleibt das eigentliche Aktivierungsmuster noch in den Sehzentren im Gehirn und wird nur als Abbild ins Stirnhirn geleitet. Zum Schluss entsteht wieder ein großes Aktivierungsmuster, das sich im gesamten Gehirn verteilt. Das hat den Riesenvorteil, dass zum Beispiel eine Bild-Information von den Spezialregionen im Sehzentrum verarbeitet werden kann und *gleichzeitig* im präfrontalen Cortex aufmerksam bearbeitet wird – perfekte Synchronisation.

Mario Götze versus „Der Bachelor"

Jeder, der einen Schreibtisch hat, weiß: Der wird schnell voll. Dieses Problem gibt es auch im präfrontalen Cortex. Damit ein Schreibtisch nicht überquillt, muss immer das entfernt werden, was gerade nicht benötigt wird. Dem präfrontalen Cortex fällt das gar nicht schwer: Einfach die Verbindung zu einem informationsliefernden Hirnbereich abdrehen, schon wird das Aktivitätsmuster aus dem Bewusstsein entfernt – aus dem Stirnhirn, aus dem Sinn (aber nicht aus dem Gehirn, denn unterbewusst wird immer weitergearbeitet).

Der präfrontale Cortex ermöglicht es daher gar nicht, mehrere Sachen bewusst zu verarbeiten (wir haben schließlich nur *ein* Bewusstsein). Echtes Multitasking ist also gar nicht möglich. Was wir stattdessen tun, wenn wir uns einbilden zu „multitasken", ist, schnell zwischen verschiedenen Aufgaben hin und her zu schalten.

Dass das jedoch nicht besonders viel bringt, wird an einem normalen Fernsehabend deutlich. Oft kommen ja die interessantesten Sendungen zur gleichen Zeit: Champions League und „Der Bachelor" zum Beispiel. Ich schaue also zunächst Fußball, doch wie es so kommt: Das Spiel plätschert vor sich hin, mein Bewusstsein hat keinen Bock mehr, ich muss umschalten. Nach wenigen Minuten seichtester „Fernsehunterhaltung" im Privatfernsehen halte ich es nicht mehr aus und ich muss wieder zurückschalten – und habe prompt den Führungstreffer verpasst, Mist! Also lasse ich Fußball diesmal länger laufen, schalte aber zu spät um und verpasse, wem der Bachelor seine Rose in die Hand gedrückt hat. Verdammt, paralleles Fernsehen ist nicht machbar. Genauso ist es unserer Aufmerksamkeit, unserem präfrontalen Cortex, nicht möglich, effektiv umzuschalten und mehrere Aufgaben gleich gut zu bearbeiten. Die Leistungsfähigkeit sinkt, weil man einfach immer das Beste verpasst.

Für das Gehirn ist es daher deutlich effizienter, Aufgaben zu priorisieren und sie nicht gleichzeitig abzuarbeiten. Überlagern sich nämlich zwei um Bewusstsein konkurrierende Aktivitätsmuster, leidet die Genauigkeit. So ähnlich, wie wenn das Radio läuft und im Nachbarzimmer auch noch die Stereoanlage aufgedreht ist. Die Musik überlagert sich. Steht man im Flur, genau zwischen den beiden Schallquellen, hört man nicht zwei Lieder gleichzeitig, sondern einen unverständlichen Mischmasch.

Heimliches Multitasking

Unser Bewusstsein ist also nicht darauf ausgelegt, mehrere Dinge parallel zu erledigen, sondern schaltet sehr schnell um. Dieses Umschalten zwischen verschiedenen Aufgaben ist gar nicht so einfach, denn es erfordert zweierlei: Zum einen muss die Aufmerksamkeit verstärkt und auf ein neues Ziel gerichtet werden. Zum anderen muss sie sich vom vorherigen Ziel lösen. Man springt quasi von einem Aktivitätsmuster im präfrontalen Cortex in ein anderes. Und das tut dieser auch ausgesprochen gerne. Denn nur weil er üblicherweise die Aufmerksamkeit auf eine bestimmte Aufgabe fokussiert, heißt das nicht, dass wir nur diese eine Aufgabe in unserem Hirn bearbeiten.

Ein Beispiel: Sie stehen auf einer Party und plaudern angeregt. Um Sie herum sind viele andere Menschen, doch deren Unterhaltungen schenken Sie wenig Aufmerksamkeit. Sie scheinen also gar nicht mitzukriegen, was um Sie herum geredet wird. Und doch: Auf einmal hören Sie, wie jemand in einem Nachbargespräch Ihren Namen erwähnt. Sofort springt Ihre Aufmerksamkeit auf diese Unterhaltung, obwohl Sie sie zuvor überhaupt nicht beachtet haben. Denn obwohl es nicht im Bewusstsein war, ist dieses Gespräch ein paar Meter weiter von Ihnen doch die ganze Zeit verarbeitet und irgendwann für so wichtig erachtet worden, dass es blitzschnell in Ihr Bewusstsein geschossen ist.

Deswegen: Ja, Sie multitasken permanent – nur ist Ihnen das nicht bewusst. Denn Ihre bewusste Aufmerksamkeit können Sie in aller Regel nur auf ein Ziel lenken.

Die Multitasking-Falle

Schon das bewusste und aktive Umschalten zwischen zwei Aufgaben hat seine Grenzen. Zwei verschiedene Aufgaben kriegt der präfrontale Cortex gerade noch so hin. In einem „Doppeltasking"-Laborversuch (die Probanden sollten also zwei Aufgaben gleichzeitig bearbeiten) teilt sich der präfrontale Cortex dabei die Arbeit auf: Der rechte Teil bearbeitet eine andere Aufgabe als der linke Teil.[92] Zwei Aktivitätsmuster werden also in zwei unterschiedlichen Regionen „warm gehalten". Eins hin, eins im Sinn, gewissermaßen – und das, was wir umgangssprachlich „im Hinterkopf" behalten, liegt in Wirklichkeit im „Nebenkopf" (also der anderen Hirnhälfte). Das bringt dem präfrontalen Cortex vermutlich eine Abkürzung: Er kann schnell zwischen beiden Aktivitäten hin und her springen und muss sich nicht immer aufwendig neue Informationen aus dem restlichen Gehirn „hochladen", um eine neue Aufgabe zu lösen.

Allerdings: Das klappt nur bei simplen Aufgaben, die im echten Leben kaum vorkommen (die Probanden sollten sich Buchstabenfolgen merken und zusätzlich beachten, ob es sich um Groß- oder Kleinbuchstaben handelt). Und ab zwei Aufgaben ist Schluss. Denn wird nur ein neues Problem hinzugefügt (zum Beispiel, dass die Testpersonen auch noch die Buchstabenfarbe beachten mussten), wird eine der drei Aufgaben regelmäßig vergessen. Niemals ist man also so effektiv, wie wenn man eine Aufgabe für sich bearbeitet. Jedes zusätzliche Problem, das um Aufmerksamkeit ringt, verschlechtert unsere Leistung.

Das kostet, und zwar nicht nur Zeit, sondern auch Genauigkeit. Wenn Probanden in einem Fahrsimulator den rechten Weg zu einem Ziel finden und sich gleichzeitig Zahlen oder Buchstaben am Wegesrand merken sollen, leidet nicht nur die Merkfähigkeit für diese Buchstaben, sie verpassen auch viel öfter die richtige Ausfahrt als Testpersonen, die sich nur aufs Fahren konzentrieren können.[93] Ganz schlimm wird es, wenn parallel noch telefoniert werden soll (und zwar mit Freisprecheinrichtung). Dann verliert das Gehirn offenbar die Fähigkeit, die Zusatzinformationen zu gewichten – ob man auch noch spielende Kinder oder Plakatwände am Wegesrand zählen soll, spielt dann keine Rolle mehr, zu sehr ist man mit dem Verkehr im Simulator und dem Telefonieren beschäftigt.[94] Reaktionsgeschwindigkeit und Merkfähigkeit sind dann auf dem Niveau eines Fahrers mit 0,8 Promille. Es hat also einen guten Grund, dass das Bedienen von Handys am Steuer verboten ist.

Illusion der Multitasker

Besonders intensives und aktives Multitasking ist also keine Fähigkeit, die Sie groß raushängen lassen sollten. Denn erstens ist es biologisch nicht möglich. Zweitens ist das, was wir dafür halten (das schnelle Umschalten), nicht effektiv. Und drittens sind Menschen, die sich für „bessere Multitasker" halten, besonders unfähig im Umschalten zwischen verschiedenen Aufgaben. Wenn in Labortests nämlich genau ein solches Hin- und Herspringen zwischen Rechenaufgaben und Buchstabenmerken verlangt wird, schneiden Personen, die sich als gute Multitasker bezeichnen (weil sie zum Beispiel besonders oft ihr Handy beim Currywurstessen nutzen), schlechter ab als Probanden, die sich selbst als durchschnittlich mutitaskingfähig einschätzen.[95] Konzentrationsexperimente zeigen auch, dass sich selbsternannte Multitasker schlechter konzentrieren können, öfter abgelenkt werden und langsamer in Umschaltaufgaben abschneiden als bescheidenere Probanden.[96] Kurz gesagt:

Möchtegern-Multitasker sind Selbstbetrüger, die sich bei der Arbeit permanent verzetteln.

Was jedoch nicht klar ist: Wurden die selbsternannten Multitasker erst durch ihr ausgiebiges Multitasking so umschalt- und konzentrationsschwach? Oder waren sie das schon immer und erlagen daher in der wirklichen Welt öfter den Versuchungen von Handy und Laptop, sodass sie sich als „multitaskingfähig" einschätzten? Wie auch immer, mein Tipp: sich niemals als Multitasker rühmen, das geht böse nach hinten los.

Hier ist eine gute Gelegenheit, auch das Halbwissen über Bord zu werfen, Frauen seien bessere Multitasker als Männer. Mal davon abgesehen, dass die überwiegende Mehrzahl der wissenschaftlichen Untersuchungen dies widerlegt (Frauen schalten genauso schlecht zwischen Aufgaben um wie Männer),[97] würde ich niemals einen Menschen als „Multitasker" beschimpfen. Nicht nach diesem Kapitel. Multitasking ist eine Illusion – eine gefährliche dazu. Wenn Sie Ihr Gehirn sinnvoll nutzen wollen, bieten Sie ihm immer eine Aufgabe nach der anderen an. Ablenkung, so verführerisch sie ist, kostet mehr, als sie bringt.

Und nun entschuldigen Sie mich bitte, ich muss mal kurz meine E-Mails checken.

Mythos n° 17

Spiegelneuronen erklären
unser Sozialverhalten

Hirnforschung ist nichts, wozu man sich immer einen weißen Kittel anziehen und in einem sterilen Labor Zellen unter dem Mikroskop untersuchen muss. Hirnforschung ist überall. Neulich saß ich zum Beispiel morgens im Zug. Um mich herum viele müde Pendler und Studenten mit kleinen Augen, auch ich war noch nicht ganz wach. Da passiert es: Einer fängt an zu gähnen. Schon alleine wie sich dabei das Gesicht verzieht (hinter vorgehaltener Hand natürlich), Mund weit aufgerissen, tief einatmend, Augen zusammengekniffen – das steckt an. Und zwar im Wortsinne. Innerhalb von wenigen Sekunden waren auch die anderen Zuggäste am Gähnen. Manche offen, manche versteckt, doch meinem geschulten Forscherauge entging nichts. Dieses „Anstecken" funktioniert sogar, wenn Sie selbst das Gähnen nur vorspielen. Probieren Sie es ruhig aus.

Was das mit Hirnforschung zu tun hat? Ist doch klar: Jeder, der sich ein bisschen auskennt, weiß, dass es die „Spiegelneuronen" sind, die uns zum Mitgähnen anstiften. Spezialisierte Nervenzellen, die es ermöglichen, uns in die Lage von anderen hineinzuversetzen und deren Handlungen nachzuvollziehen. Sie „spiegeln" quasi das Verhalten unserer Mitmenschen in unserem Gehirn, sind die biologische Grundlage menschlichen Einfühlungsvermögens.

Spiegelneuronen sind tatsächlich der neueste Schrei – und zwar nicht nur in der Hirnforschung (denn entdeckt wurden sie erst in den 90er Jahren), sondern auch in der Sozialforschung und Psychologie. Hobby-Neurowissenschaftler und

Selbsthilfe-Gurus erklären mit Spiegelneuronen so gut wie alles: Warum sich Fußballfans alle gleich anziehen (spiegeln die anderen Fans). Warum manche Casanovas besonders gut flirten (spiegeln ihre Herzdame besonders gut). Warum wir zusammenzucken und den Schmerz „spüren", wenn jemand mit dem Fahrrad stürzt und zehn Meter über den Asphalt schlittert (weil die Spiegelneuronen den „gleichen" Schmerz in uns auslösen). Warum wir am Ende von „Titanic" weinen müssen (weil das Schiff untergeht).

Kurz gesagt: Spiegelneuronen müssen für alles herhalten, was gerade in der populären Psychologie angesagt ist. Empathie, Mitgefühl, Kooperation – endlich gibt es eine biologische Erklärung dafür. So wird klar, „woher wir wissen, was andere denken und fühlen", oder „warum ich fühle, was du fühlst" (so zumindest die Titel einschlägiger Literatur zu diesem Thema) – oder aber auch, warum wir fremde Zugreisende mit unserem Gähnen anstecken. Als hätten die Spiegelneuronen alles im Griff.

Ein kleiner Griff für einen Affen, ein großer Coup für die Menschheit

Das Wissen über Spiegelneuronen ist noch nicht sehr alt. Vor etwas mehr als 20 Jahren entdeckte Giacomo Rizzolatti mit seinem Forscherteam im italienischen Parma, dass in Gehirnen von Makaken (Rhesusaffen) erstaunliche Dinge vorgehen. Wenn ein Affe eine Bewegung ausführen soll, so wird das dafür notwendige Bewegungsprogramm in seinem Gehirn (genauer: dem motorischen Cortex) erzeugt und anschließend zu den beteiligten Muskeln geschickt. Geschickt sind auch die untersuchten Makaken, denn sie sind wahre Meister im Ergreifen und Schälen von Nüsschen. Indem man die Erregung einzelner Nervenzellen in deren motorischem Cortex ableitet, kann man schön sichtbar machen, wann und wo ein Bewegungsimpuls ausgelöst wird, wenn ein Affe nach einer Nuss greift.

So weit, so gut. Doch das Erstaunliche ist nun, dass einige dieser Nervenzellen (die eigentlich nur für das Auslösen von Bewegungen zuständig sein sollten) auch aktiv sind, wenn ein Makake nur *sieht*, wie ein anderer Affe (und dazu zählt in diesem Fall auch der Mensch) eine Nuss greift. Egal, ob er selbst den Arm nach der Nuss streckt oder ob es ein Versuchsleiter macht – immer sind dieselben Nervenzellen aktiv. Als würde der Affe einen „virtuellen Bewegungsimpuls" auslösen, wann immer er eine für ihn nachvollziehbare Handlung beobachtet.

Konsequenterweise nannte man diese Nervenzellen „Spiegelneuronen", denn sie „spiegelten" gewissermaßen fremde Handlungen und rekapitulierten sie im Gehirn.[98] Fantastisch! Denn wenn diese Spiegelneuronen fremde Handlungen in uns abbilden, dann können wir uns auch in andere hineinversetzen und ihr Verhalten aus deren Perspektive nachvollziehen. Flugs wurden sie von aufmerksamkeitsheischenden Neurowissenschaftlern (namentlich Vilayanur Ramachandran) zu „Gandhi-Neuronen" des Mitgefühls erklärt,[99] die die Grundlage unserer Gesellschaft bilden.

Doch gemach - - - tatsächlich ist das heutige Wissen über diese faszinierenden Zellen weitaus differenzierter und taugt keinesfalls als neurobiologische Allzweckwaffe, um unser Miteinander zu erklären. Schauen wir uns also zunächst an, was über diese Zellen wirklich bekannt ist.

Ein vermischtes Grüppchen

Wenn man von „den Spiegelneuronen" spricht, könnte man meinen, dass es sich dabei um eine klar abgegrenzte und fest verortete Gruppe von Nervenzellen handelt, deren Hauptaufgabe es ist, fremde Bewegungen virtuell in uns nachzuahmen (zu spiegeln). Doch das ist nicht der Fall. Spiegelneuronen sind „von Haus aus" Nervenzellen, die Bewegungsimpulse erzeugen, aber auch aktiv werden, wenn sie eine äußere Handlung mitbekommen, die derjenigen ähnelt, an der die Zelle selbst aktiv beteiligt ist. Eine Nervenzelle, die normalerweise ein „Nuss-Greif-Bewegungsmuster" auslöst, wird auch aktiv, wenn sie von einer fremden Nuss-Greif-Aktion mitbekommt.

Die Neurowissenschaft kennt viele unterschiedliche Typen von Spiegelneuronen:[100] Für manche spielt es keine Rolle, ob der Affe eine Bewegung in der Realität sieht oder auf Video. Andere reagieren auch auf die Verwendung von Werkzeugen (wenn jemand die Nuss mit einer Zange greift) oder werden schon beim bloßen Geräusch aktiv (wenn der Affe hört, wie eine Nussschale zerbröselt wird). Außerdem spielt es für die Aktivierung der Spiegelneuronen eine Rolle, wie weit der Affe von der beobachteten Nuss weg sitzt, wie der Blickwinkel ist, ob Teile der Handlung verdeckt durchgeführt werden oder wie hoch die anschließende Belohnung (ein Leckerli) ist.

Merke: Spiegelneuronen sind eines schon mal nicht – einfache Spiegel, die im Bewegungszentrum des Gehirns bloß das wiedergeben, was sie irgendwo aufgeschnappt haben. Sie werden vielmehr vom restlichen Gehirn beeinflusst (zum Beispiel von komplexen Informationen wie Abstand und Perspektive). Erst unter Einbeziehung dieser Informationen passen sie ihre Aktivität an. Sie machen uns nicht zu willenlosen Bewegungs-Papageien, die einfach nur das imitieren, was sie sehen. Sie sind vielmehr nur *ein Baustein* im komplizierten Prozess des Erkennens und Verstehens von Handlungen.

Der Mensch im Spiegel seiner Nervenzellen

Wir wissen viel über Spiegelneuronen. Doch das meiste davon aus Affengehirnen. Das bringt uns nicht viel weiter, wenn wir erklären wollen, welche Rolle diese Zellen bei jubelnden Fußballfans oder küssenden Liebespärchen spielen. Denn leider ist es schwierig, direkte Messungen an Nervenzellen in menschlichen Gehirnen vorzunehmen. Die eigentliche Prozedur ist

Spiegelneuronen erklären unser Sozialverhalten

zwar komplett schmerzfrei (das Gehirn besitzt nämlich keine Schmerzsinneszellen, aufgepasst also, denn man spürt niemals, wenn einem im Gehirn rumgeschnitten wird), doch niemand lässt sich freiwillig gerne die Schädeldecke öffnen, nur damit ambitionierte Jungforscher einzelne Nervenzellen mit Metalldrähten vermessen können.

Deswegen beschränken sich die meisten Untersuchungen zu menschlichen Spiegelneuronen auf Methoden wie die fMRT, deren Grenzen schon zu Beginn dieses Buches aufgezeigt wurden: Langsam, unpräzise und indirekt ist diese Methode – so misst man die sich schnell ändernde Aktivität von einzelnen Zellen schon mal nicht. Doch zumindest lassen sich mit der fMRT grobe Regionen einteilen, die (wie es so schön heißt) „Spiegeleigenschaften" besitzen,[101] also sowohl bei der Ausführung von Aktionen als auch bei deren bloßer Beobachtung aktiv sind.

Dabei stellt man fest, dass es viele Regionen gibt, die die Fähigkeit haben, äußere Aktionen zu simulieren. Das bedeutet, dass sie auch bei passiver Betrachtung einer Handlung ein Aktivitätsmuster auslösen, das demjenigen der eigenen aktiven Handlung gleicht. Dazu zählen nicht nur die Regionen im motorischen Cortex (wie man nach den Untersuchungen der Affen vermuten könnte), sondern auch Teile des Sehzentrums, des Kleinhirns, sogar des limbischen Systems. Letzteres ist wichtig für die Ausbildung unserer Gefühle, doch keine Studie konnte bisher konkret zeigen, dass wir dort einzelne Spiegelneuronen haben, die anspringen, wenn wir mit anderen mitfühlen. Ein „Empathiezentrum" gibt es also nicht in unserem Gehirn.

Selten kommt es allerdings doch vor, dass man Zugang zu einzelnen Zellen der menschlichen Großhirnrinde erhält und deren individuelle Aktivität messen kann: So hat man bei Epilepsie-Patienten, deren Schädel zu Operationszwecken geöffnet werden musste, festgestellt, dass manche Neuronen nicht nur aktiv sind, wenn ein lächelndes Gesicht erkannt wird, sondern auch, wenn der Patient selbst lächelt.[102] Allerdings konnten in diesem Versuch nur 1177 einzelne Nervenzellen einer sehr begrenzten Hirnregion untersucht werden (und noch nicht mal 8 Prozent der Zellen wiesen „Spiegeleigenschaften" auf). Von einem kompletten Verständnis ganzer Hirnareale ist man also noch so weit entfernt wie Deutschland vom Gewinn der Cricket-Weltmeisterschaft. Trotzdem ist dieses Experiment interessant, denn es zeigt, dass es Spiegelneuronen auch beim Menschen gibt – was deren Aufgabe ist, darüber wird allerdings heftig gestritten.

Das bedeutet: Spiegelneuronen im menschlichen Gehirn überhaupt nachzuweisen, ist schon schwierig genug. Und komplexe Gefühle wie Mitleid oder Anteilnahme auf die Aktivität einzelner spiegelnder Nervenzellen zu reduzieren, geht völlig an der Wirklichkeit vorbei. Wir besitzen vielmehr großflächige Cluster, Netzwerke, die am Verstehen von fremden Handlungen beteiligt sind. Das geht nicht mal eben so, indem man rasch ein paar Spiegelneuronen anwirft, sondern erfordert das Zusammenspiel vieler Hirnregionen. Das wird am „Lesen" von Gefühlen deutlich: Wenn ein naher Verwandter weint, geht uns das nahe. Aber nicht, weil unsere Nervenzellen das Weinen einfach spiegeln. Genauso spielt das Umfeld eine Rolle, und auch der eigene emotionale Zustand. Das weinende Gesicht muss erst mal als solches erkannt und eingeordnet werden (weint jemand aus Freude oder Trauer?), das wiederum erfordert weitere Verarbeitungsschritte und einen Vergleich mit Erfahrungswerten. Einen kurzen „Wenn-du-heulst-heule-ich-mit"-Mechanismus gibt es nicht. Sonst würden wir ja auch immer heulen, wenn jemand anderes weint (egal ob es unsere Mutter oder unser Finanzberater ist).

Spieglein, Spieglein in meinem Hirn, sag, was passiert bloß vor meiner Stirn

Das Einzige, was wissenschaftlich gesichert ist und in Experimenten wiederholt bestätigt wurde: Bei Makaken gibt es Nervenzellen, die nicht nur aktiv sind, wenn sie selbst eine Bewegung auslösen, sondern auch, wenn jemand anderes diese Bewegung durchführt. Von da an wird interpretiert und spekuliert, was das für die Hirnfunktion bedeuten könnte.

So könnte, man beachte den Konjunktiv, ein Spiegelneuron-System dazu dienen, einfache Handlungen schneller zu lernen. Beispiel: Ein Baby wird gefüttert und sieht, dass die Mutter den Mund öffnet, also öffnet es selbst den Mund und kommt leichter an den leckeren Gemüsebrei. Beobachten und Handeln wird verknüpft, so kann sich das Baby ein Bewegungsmuster zügig aneignen.

Einen Schritt weiter geht das „Aktions-Auswahl-Modell".[103] Es besagt, dass Spiegelneuronen vor allem dazu dienen (könnten!), eine beobachtete Handlung mit möglichen eigenen Handlungen zu vergleichen. Man sieht also, wie jemand nach einer Nuss greift, und rekapituliert (simuliert, spiegelt) dieses Bewegungsmuster – es kann dann ebenfalls ausgewählt werden, wenn es für angebracht gehalten wird, oder es wird verworfen. In diesem Fall simulieren Spiegelneuronen eine „virtuelle Realität" im Gehirn, die dann mit der Unterstützung von Erfahrungen, Gefühlen und Sinneseindrücken eine Handlung auslöst.

In der Populärwissenschaft werden Spiegelneuronen jedoch oft nur auf das „Sich-in-andere-Hineinversetzen" reduziert. Man simuliert in seinem Gehirn quasi die Handlung eines anderen und kann so einen viel intensiveren, weil unmittelbareren Zugang zu dieser Aktion erhalten. So sei es möglich, direkt mit anderen mitzufühlen. Geteilte Freude ist doppelte Freude, sozusagen. Doch diese radikale Sichtweise ist wissenschaftlich schwer haltbar. Denn bei manchen Schlaganfallpatienten sind zwar die Regionen zur Spracherzeugung gestört (und damit auch die dortigen Spiegelneuronen), Sprache kann aber immer noch genauso gut verstanden werden. Dass nur Spiegelneuronen nötig wären, um uns in andere Handlungen hineinzuversetzen und diese zu verstehen, greift also zu kurz.[104]

Aktuell (und ich betone das, denn in der Wissenschaft kann sich mit neuen bahnbrechenden Versuchen schnell etwas ändern) verwirft man daher das simple „Spiegelneuronen-helfen-uns-uns-in-andere-hineinzuversetzen"-Modell. Denn man hat festgestellt, dass diese besonderen Nervenzellen nicht nur einfache Bewegungsmuster spiegeln, sondern dazu auch den Kontext der Handlung berücksichtigen. Ein Makake löst in seinem Hirn nämlich ein Bewegungsmuster nicht nur dann aus, wenn er eine fremde Bewegung sieht (zum Beispiel das Greifen nach einer Nuss), sondern auch, wenn der letzte Teil der Bewegung (der Hand-Nuss-Kontakt) mit einem Sichtschutz abgeschirmt ist.[105] Offenbar geht es den Spiegelneuronen gar nicht um eine konkrete Aktion, die gespiegelt werden soll, sondern um das zugrunde liegende Ziel (das Greifen nach der Nuss). So etwas schaffen Spiegelneuronen aber nicht alleine, sondern benötigen dafür Unterstützung von anderen Hirnbereichen, die eine Handlung interpretieren können. Nichts ist es also mit einem einfachen Automatismus, wie es der Begriff des „Spiegels" nahelegt: Bewegung sehen und sofort dieselbe Bewegung im Gehirn nachbilden – so funktionieren Spiegelneuronen sicher nicht. Vielleicht sollte man auch den missverständlichen Begriff des Spiegels vermeiden. „Simulationsneuronen", das würde viel besser passen und ausdrücken, dass diese Nervenzellen keine passiven Spiegel sind.

Gähnen Sie selbst, sonst tun es andere für Sie!

Deswegen: Fallen Sie nicht auf das einfache Spiegelneuron-Denken herein. Ob sie beim Menschen an Mitgefühl überhaupt beteiligt sind, ist hoch umstritten. Überhaupt kein For-

Spiegelneuronen erklären unser Sozialverhalten

scher hat bisher zeigen können, dass Gefühle von Mitmenschen in unserem Gehirn auf irgendeine Weise „gespiegelt" werden.

Vergessen Sie nicht: Fast alles, was wir über Spiegelneuronen herausgefunden haben, wissen wir von Makaken. Diese Untersuchungen sind zwar spektakulär, doch dürfen sie nicht überinterpretiert und einfach auf den Menschen übertragen werden. Schon einmal haben aufsehenerregende Neuro-Experimente zu einem unverhältnismäßigen und verfälschenden Hype geführt: bei den „Split-Brain-Patienten" und dem daraus abgeleiteten „Rechte-Hirnhälfte-Linke-Hirnhälfte"-Mythos (Mythos n° 4 in diesem Buch). Diesen Fehler sollten wir bei den Spiegelneuronen nicht wiederholen.

Und wie ist das jetzt mit dem Gähnen? Spielen Spiegelneuronen nicht zumindest bei diesem einfachen Imitationsverhalten eine Rolle? Möglicherweise, doch keinesfalls alleine. Immerhin konnte gezeigt werden, dass die Hirnbereiche, die mit einer Spiegelaktivität in Verbindung gebracht werden, auch beim Gähnen aktiv sind.[106] Allerdings arbeiten diese Regionen (für die, die es genau wissen wollen: in der Brodmann-Area 9, vor allem der rechte inferiore frontale Gyrus) mit weiteren Hirnbereichen (zum Beispiel dem schon oft erwähnten präfrontalen Cortex) zusammen. Was das jedoch genau bedeutet, wissen wir nicht – über das wahre Wesen von Spiegelneuronen ist eben viel zu wenig bekannt.

Gähnen ist nämlich beileibe kein einfaches Nachahmen, sondern erfordert eine Einschätzung des Gegenübers, also höhere kognitive Fähigkeiten: Je fremder, desto unwahrscheinlicher wird ein Mitgähnen, denn die emotionale Bindung entscheidet über den Grad der Gähn-Ansteckung.[107] Das bedeutet aber auch: Wenn sich Pendler morgens im Zug von Ihrem Gähnen eher anstecken lassen als Ihre Lieben zu Hause, haben Sie eine stärkere Bindung zu Ihren Mitreisenden, als Sie vielleicht denken. Vielleicht waren diese aber auch einfach nur müde. Ich habe nämlich gehört, dass dies beim Gähnen ebenfalls eine Rolle spielen soll. Ganz ohne Spiegelneuronen.

Mythos n° 18

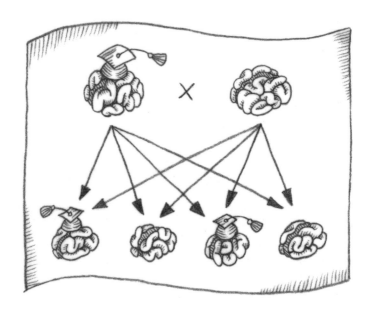

Intelligenz ist angeboren

Ich begebe mich jetzt auf ein politisches Minenfeld. Als Neurobiologe gehöre ich dort eigentlich nicht hin, doch die gesellschaftliche Diskussion erfordert manchmal ein sachliches Eingreifen von wissenschaftlicher Seite. Sonst driftet sie ganz in populistische Polemik ab. Schließlich geht es um eine heikle Frage, nämlich darum, zu welchen Anteilen unsere Intelligenz vererbt wird.

Ein höchst gefährliches Terrain, auf dem man schnell zwischen den Lagern zerrieben wird: Die einen behaupten, in aller Kürze, Intelligenz werde hauptsächlich durch die Umwelt bestimmt. Erziehung und Bildung hätten also einen größeren Effekt auf unsere Denkleistung als unsere Gene. Die anderen begründen Intelligenzunterschiede hauptsächlich mit den Erbanlagen. Intelligente Eltern hätten nun mal auch häufig intelligente Kinder, Bildung hin oder her.

Diese Diskussion ist delikat, denn sie wird für politische Zwecke missbraucht. „Intelligenz ist zu 60 Prozent erblich!", heißt es da oft – ohne zu wissen, was das genau bedeutet. Da ist von sich vermehrenden subintellektuellen Bevölkerungsgruppen die Rede, die unsere Gesellschaft auf Dauer verdummen. Oder andersherum: dass unsere Umwelt, die bösen „neuen Medien", uns immer doofer werden lässt und unsere Intelligenz mindert. Von allen Seiten wird unsere Intelligenz bedroht. Gene und Umwelt werden abwechselnd ins Feld geführt, um mit reißerischen Thesen Aufmerksamkeit zu erzeugen (oder einfach nur, um das eigene Buch besser zu verkaufen).

An dieser Stelle deswegen eine nüchterne Klarstellung der Wissenschaft über die Erblichkeit von Intelligenz. Möglichst ohne Polemik, aber genauso spannend.

Ein schwammiger Begriff

Es fängt schon mit dem Begriff der „Intelligenz" an. Diese ist nämlich keineswegs so einfach und klar zu definieren, wie man meinen könnte. Intelligenz soll ja an so vielen Stellen vorkommen: emotionale Intelligenz, soziale Intelligenz, sprachliche, musikalische, räumliche, mathematische Intelligenz – sogar sportliche und kulturelle Intelligenzen soll es geben. Wie praktisch, denn so sind wir alle (nicht nur Kinder) auf unsere Weise hochbegabt. Wer denkt, er sei ein wenig zurückgeblieben, muss einfach nur länger nach einer „passenden Intelligenz" suchen.

Selbst Wissenschaftler, die alles immer ganz genau definieren wollen, tun sich mit dem Begriff nicht leicht. Populär ist das Zitat „Intelligenz ist das, was der Test misst".[108] Es stammt aus dem Jahr 1923 und vom amerikanischen Psychologen Edwin Boring. Diese Aussage wird oft missverstanden, denn Boring meinte nicht, dass Intelligenz vollkommen beliebig ist. Er selbst erwähnte an gleicher Stelle, dass Intelligenz „eine messbare Fähigkeit" sei, die durch einen sauber präzisierten Test zu ermitteln ist. Man müsste sich lediglich auf standardisierte Verfahren einigen.

Doch das ist alles andere als einfach: 52 führende Wissenschaftler konnten sich Ende der 90er Jahre lediglich darauf verständigen, die Intelligenz sei eine „sehr allgemeine Fähigkeit, die, neben anderen Dingen, das Vermögen einschließt, zu urteilen, zu planen, Probleme zu lösen, abstrakt zu denken, komplexe Ideen zu verstehen, schnell zu lernen und aus Erfahrungen zu lernen".[109] Aha! Unkonkreter geht es wohl kaum.

Immerhin: Intelligenz umfasst anscheinend zahlreiche Facetten unseres Denkprozesses – und die werden in einem ausgetüftelten Testverfahren untersucht. Üblicherweise ermittelt man in einem IQ-Test daher bestimmte *Teilbereiche* unserer kognitiven Fähigkeiten wie Schlussfolgern, räumliches Denken, Gedächtnis, Arbeitsgeschwindigkeit und Sprachvermögen.

Das bedeutet aber auch: Die vielen populären Intelligenzen (emotionale, soziale, körperliche, spirituelle und was weiß ich noch alles) lassen sich vielleicht gut in Büchern verkaufen. Doch wissenschaftlich halt- und untersuchbar sind sie nicht. Wenn man die Intelligenz neurobiologisch analysieren will, beschränkt man sich immer auf kognitive Eigenschaften wie Mustererkennung, räumliches Vorstellungsvermögen oder Gedächtnis. Die Intelligenz ist gewissermaßen ein Maß dafür, wie gut diese Fähigkeiten zur Lösung von Problemen eingesetzt werden können.

Auf der Suche nach dem g-Faktor

Stellen Sie sich vor, Sie müssten während eines IQ-Tests ein Worträtsel lösen. Sagen wir, Sie sollen herausfinden, welcher von vier Namen nicht in eine Gruppe passt (zum Beispiel: Jürgen Drews, Mickie Krause, Michael Wendler, Ludwig van Beethoven). Warum werden Sie in dieser Aufgabe besser abschneiden als der Durchschnitt? Weil Sie diesen konkreten Rätseltyp mögen? Weil Sie Worträtsel prinzipiell besser lösen als beispielsweise Mathe-Aufgaben? Weil Sie allgemein intelligenter sind? Oder weil Sie ähnliche Rätsel schon öfters gemacht haben und trainiert sind? Die Wissenschaft sagt: Eine Mischung aus allem.[110]

Wer sich mit dem „Das-Gehirn-besteht-aus-Modulen"-Mythos (n° 3 in diesem Buch) auseinandergesetzt hat, weiß, dass es tatsächlich bestimmte Zentren im Gehirn gibt, die sich auf konkrete Aufgaben konzentrieren können (hier zum Beispiel die Sprachzentren). Bei Mythos n° 9 haben wir gelernt: Hirnjogging bringt für die allgemeine „Hirnfitness" nichts, doch konkrete Fähigkeiten können durchaus trainiert werden.

Übung und Erfahrung in IQ-Tests haben also durchaus einen Einfluss, doch darf man diesen nicht überschätzen.

Denn am wichtigsten (und deswegen betone ich das ja wirklich in fast jedem Kapitel) ist, wie das Netzwerk im Gehirn funktioniert. Folgerichtig stellt man in Intelligenztests etwas Spannendes fest. Man könnte meinen, dass jemand, der beim obigen Namenrätsel gut abschneidet, nicht zwangsläufig auch beim 3D-Würfeldrehen vorne dabei ist. Doch intelligente Menschen sind genau das: Bei ihnen misst man einen Zusammenhang zwischen den unterschiedlichen Teilbereichen (räumlich, sprachlich, mathematisch, ...), sie korrelieren. Intelligenz bedeutet somit in gewisser Weise eine übergeordnete Fähigkeit des Gehirns, bei verschiedenen Aufgabenstellungen gut abzuschneiden. Diese Korrelation zwischen den gemessenen Teilbereichen (also zum Beispiel zwischen Sprache und Mathe) misst man mit dem sogenannten g-Faktor. In der Wissenschaft ist er mittlerweile als Maß für die generelle Intelligenz akzeptiert, denn er lässt sich gut reproduzieren, solange die Tests umfangreich genug sind (und keine Schnelltests auf einer dahergelaufenen Internet-Seite).

Hier sieht man schon: Intelligenz setzt sich aus mehreren Teilaspekten zusammen, die man in einem Test in der Regel getrennt voneinander untersucht. Anschließend muss man die einzelnen Testergebnisse zu einem Gesamtwerk, dem IQ, zusammensetzen. Und hier wird es ganz besonders heikel, denn es kommen leicht Missverständnisse auf.

Intelligent werden wir durch die anderen

Eine einfache Frage: Was würde rauskommen, wenn Sie jetzt einen Intelligenztest machen? Ich halte meine Leserschaft für überdurchschnittlich intelligent (so viel Schmeichelei darf sein), also liegt Ihr IQ vielleicht bei 130. Was wäre nun, wenn Sie denselben Test schon vor ein bis zwei Jahrzehnten gemacht hätten?

Intelligenz ist angeboren

Selbst wenn Sie alle Fragen im IQ-Test genau gleich beantwortet hätten, wäre der IQ unter Umständen ein anderer. Denn für Ihren IQ ist nicht nur Ihr Testergebnis entscheidend, sondern auch das der anderen Testteilnehmer beim selben Test. Erst wenn man Ihr Ergebnis ins Verhältnis zu dem der anderen Testpersonen setzt, erhält man den Intelligenz*quotienten*. Richtig intelligent ist man also erst, wenn man besser ist als die anderen beim gleichen Test.

Anders gesagt: Intelligenz ist keine absolute Größe, die man in der Natur findet und sofort bestimmen kann. Wenn ich mich neben einen Baum stelle, kann ich mit einem Maßband den Stammumfang ermitteln und später sagen: „Dieser Baum hat einen Umfang von 130 Zentimetern." Wenn ich mich neben Sie stelle und Sie einen Intelligenztest machen lasse, kann ich nicht sofort sagen, dass Sie einen IQ von 130 haben. Denn dazu muss ich wissen, wie gut die anderen sind. Intelligenz ist eine relative Größe.

Damit man Aussagen über Ihre geistige Leistungsfähigkeit machen kann, muss man also eine genügend große (man sagt: statistisch belastbare) Gruppe von Testpersonen untersuchen, die die gleichen Testbedingungen erfährt. Unabhängig von den absoluten Testergebnissen der einzelnen Teilnehmer normiert man nun einfach das mittlere Testergebnis aller Personen auf einen IQ von 100. Wenn Ihr IQ bei 130 liegt, heißt das also noch nicht automatisch, dass Sie absolut intelligent sind. Sie sind lediglich intelligenter als 97,5 Prozent der anderen Testteilnehmer, der Grundgesamtheit des Tests.

Das ist so ähnlich wie beim Fußball. Sie können nicht *absolut* gut Fußball spielen, sondern immer nur besser als der Gegner. Selbst wenn der FC Bayern München die nächsten 50 Deutschen Fußballmeisterschaften hintereinander gewönne, hieße das noch nicht automatisch, dass es sich um eine so richtig gute Fußballmannschaft handelt. Sie ist nur besser als der Rest der Liga. Es könnte ja auch sein, dass die anderen Mannschaften einfach nur grottenschlecht spielen. Dann muss man selbst nicht gut sein, um zu gewinnen, sondern nur weniger schlecht.

Entscheidend ist also die Grundgesamtheit, mit der man seine Testleistung vergleicht. Für einen deutschen Staatsbürger bietet sich zum Beispiel die deutsche Gesamtbevölkerung an. Interessant ist dabei, dass sich das Intelligenzniveau eben jener Vergleichsgruppe ändern kann. Seit den 1930er Jahren steigt das Intelligenzniveau der Gesamtbevölkerung westlicher Länder nämlich um 3 bis 6 Punkte pro Jahrzehnt an. Das bedeutet: Wenn Sie heute einen IQ-Test mit einem Wert von 130 abschließen, hätten Sie (mit der gleichen Anzahl an richtig beantworteten Testfragen) im Jahre 1960 einen IQ von etwa 150 gehabt.

Benannt nach dem US-Intelligenzforscher James Flynn, nennt man diese Tendenz „Flynn-Effekt".[111] Auch wenn sich dieser Trend in den letzten Jahren abschwächt, sind seine Ursachen nicht klar: verbesserte Ernährung/Gesundheit, intensivere Bildung, besser ausgebildete Eltern, interaktive Medien, die Wissenschaft ist sich hier nicht einig.

Zwillings-Intelligenz

Wenn laut Flynn-Effekt jedoch das Intelligenzniveau innerhalb weniger Jahre messbar (und schnell) ansteigt, wie sollen dafür genetische Ursachen in Betracht kommen? Damit sich Erbanlagen dauerhaft verändern und innerhalb einer Population ausprägen, dauert es in der menschlichen Evolution viele Tausend, wenn nicht Millionen Jahre.

Wie groß kann überhaupt der Einfluss des Erbmaterials auf unsere Intelligenz sein? Die DNA, der Träger der Erbinformation in jeder Zelle, codiert schließlich nur für maximal 750 Megabyte an Daten. Das reicht kaum aus, um die unfassbar vielen Möglichkeiten einer Hirnarchitektur zu erklären.

Um zu überprüfen, wie wichtig unsere Erbanlagen für unsere Intelligenz sind, hat man vor allem Zwillingsstudien durchgeführt. Nach dem einfachen Prinzip: Wenn zwei eineiige Zwillinge (die genetisch identisch, also Klone sind) in völlig unterschiedlichen Umgebungen aufwachsen, müssen alle Gemeinsamkeiten (zum Beispiel bezüglich der Intelligenz) genetisch bedingt sein. Unterschiede kämen dann ausschließlich durch die veränderten Umweltbedingungen zustande. Tatsächlich stellt man dabei fest: Die Erblichkeit der Intelligenz beträgt bei Erwachsenen etwa 70 Prozent.[112] Verblüffend, könnte man meinen, die Gene sind tatsächlich alles entscheidend. Sarrazin & Co haben also doch Recht.

Die wahre Erblichkeit

Stopp, Stopp! Bevor nun voreilige Schlüsse gezogen werden, sollte ich erklären, was der Begriff „Erblichkeit" in Bezug auf Intelligenz überhaupt bedeutet. Das heißt nämlich nicht, dass 70 Prozent unserer Intelligenz von den Genen bestimmt werden. Bei einem IQ von 100 kommen also nicht 70 IQ-Punkte von den Genen und 30 Punkte von der Umwelt. Das ist absoluter Quatsch.

Erblichkeit ist vielmehr ein Maß dafür, wie sehr die Erbanlagen an der Ausprägung von *Unterschieden* zwischen zwei Menschen beteiligt sind. Wie sehr sich die Gene insgesamt auf die Intelligenz eines Menschen auswirken, kann man hingegen überhaupt nicht wissenschaftlich bestimmen. Schließlich ist Intelligenz auch nicht absolut, sondern relativ definiert.

Das ist kompliziert, deswegen ein Gedankenexperiment zur Klärung: Stellen Sie sich vor, zwei unterschiedliche Menschen (keine Zwillinge, keine Geschwister) wachsen unter absolut gleichen Bedingungen auf. Das ist zwar praktisch nicht möglich, macht aber eines klar: Alle Intelligenz-Unterschiede, die man später bei den zwei Personen misst, müssten genetisch bedingt sein, denn die Umweltbedingungen (Familie, Freunde, alle Sinnesreize) haben wir ja definitionsgemäß gleich gelassen. Wenn Person A also in einem IQ-Test um 10 Punkte besser abschneidet als Person B, so ist dieser *Unterschied* zu 100 Prozent auf die Gene zurückzuführen, die Erblichkeit von Intelligenz liegt also bei 100 Prozent. Wie hoch aber der *absolute* Anteil der Gene am Zustandekommen der Intelligenz ist, können wir nicht sagen, denn die Umweltbedingungen waren ja trotzdem noch da. Wie also der individuelle IQ entstanden ist, wissen wir nicht – und können es auch nicht methodisch untersuchen.

Fazit: Vergessen Sie so Phrasen wie: „Die Intelligenz ist zu 70 Prozent genetisch bedingt!" Korrekterweise sollten Sie sagen: „Der Unterschied in der Intelligenz zwischen zwei Personen der gleichen statistisch untersuchten Grundgesamtheit wird zu 70 Prozent genetisch kontrolliert!" Das lässt sich leider nur schlecht verkaufen und man druckt es nicht auf Buchdeckel, weil es nicht ganz so leicht zu verstehen ist. Wissenschaftlich besteht jedoch kein Zweifel, dass Intelligenz zu einem hohen Maße erblich ist. Allerdings heißt „erblich" in diesem Falle nicht „vorherbestimmt", sondern ist nur ein Maß dafür, aus welchem Grund sich Unterschiede zwischen Menschen ausprägen. Jawohl, Gene haben einen Einfluss auf die Intelligenz – doch auch ein Gen, eine Erbanlage, ist kein unveränderliches Schicksal, das wir mit uns herumtragen.

Das Erbanlagen-Kochbuch

Gene sind Bauanleitungen, die von der Zelle unter anderem zur Herstellung von Eiweißbausteinen, den Proteinen, verwendet werden können. Wie Kochrezepte in einem Buch liegen Gene auf der DNA, der Erbsubstanz in jedem Zellkern. Mit ihrer Hilfe kann sich eine Zelle fast alles basteln, was sie braucht: Strukturmoleküle, um Synapsen zu verankern, Enzyme zur Herstellung von Botenstoffen, oder Hilfsproteine, um diese Botenstoffe auszuschütten. Man könnte meinen: Alles, was in einer Zelle (und in einem gesamten Gehirn) passieren kann, legen die Gene fest. Doch das ist falsch!

In meiner Küche steht ein Regal mit lauter Kochbüchern: für

Intelligenz ist angeboren

Nudeln, Salate, Suppen, sogar ein Kochbuch für Studenten steht dazwischen. Einige Bücher nutze ich häufiger, die stehen ganz vorne, da komme ich leicht ran. In andere habe ich kaum reingeschaut, die liegen in der hintersten Ecke. Was gekocht werden soll, entscheide nicht nur ich. Wenn meine Schwester zu Besuch kommt, gibt es häufig Nudeln. Da dies oft der Fall ist, steht das Nudelbuch ganz vorne.

Bei den Genen ist das so ähnlich: Auch hier kommt es darauf an, dass sie gut zugänglich sind, damit sie in der Zelle leicht abgelesen werden können. Gut zugänglich heißt: Die DNA (insgesamt zwei Meter lang) sollte nicht so stark verknäult sein und das Gen am besten offen und frei liegen, denn so kann es vom Ablesemechanismus in der Zelle leicht erkannt werden. Genauso, wie in meiner Küche die Umwelt (namentlich meine Schwester) bestimmt, was gekocht wird, können auch bei der Erbinformation Umwelteinflüsse die Aktivität von Genen beeinflussen.

Hinzu kommt: Das fertige Produkt, das Nudelgericht (oder die Intelligenz eines Menschen), hängt nicht nur von dem Kochrezept (den Genen) ab. Genauso entscheidend sind die Zutaten. Italienische Pasta ist etwas anderes als deutsche Eiernudeln, also wird auch das fertige Essen anders schmecken, wenn man aus Palermo eingeflogene Teigwaren nimmt. Im Falle der Intelligenz, der geistigen Leistungsfähigkeit, wissen wir noch nicht mal, welche Zutaten überhaupt für das fertige Produkt benötigt werden – geschweige denn, wie lange sie unter welchen Umständen „gekocht" werden müssen. Die Erbanlagen ermöglichen vielleicht den Zusammenbau bestimmter Proteine. Doch die Suche nach einem „Intelligenzgen" oder wenigstens einer Gruppe von Genen, die für die Intelligenz wichtig sind, hat gar keinen Sinn. Denn genauso entscheidend wie die Gene und die mit deren Hilfe gebildeten Proteine ist es, wann und wo und wie diese Proteine zusammenwirken.

Dieses noch recht neue Forschungsfeld des Gen-Umwelt-Zusammenspiels nennt sich *Epigenetik* und macht klar, warum es sinnlos ist, streng zwischen Umwelt und Erbanlagen zu trennen. Wenn es darum geht, wie Intelligenz zustande kommt, beeinflussen sich Umwelt und Gene nämlich gegenseitig. Eine Zelle kann auf äußere Reize reagieren, einige Gene besonders gut freilegen und folglich besser ablesen. Umgekehrt kann sie einige Gene auch abschalten, indem sie diese tief im Gewirr des DNA-Moleküls versteckt.

Verabschieden Sie sich also von der einfachen Formel: Gene plus Umwelt gleich Intelligenz. Es ist ein dynamisches Wechselspiel.

Eine Scheindiskussion

Nimmt man all das zusammen, haben die in der Öffentlichkeit hitzig geführten Debatten über Vererbung und Intelligenz wenig Sinn. Denn obwohl die Ausbildung von Intelligenzunterschieden zweifelsfrei stark genetisch bedingt ist, heißt das noch nicht, dass wir verstanden hätten, wie sich ein intelligentes Gehirn entwickelt und worauf es dabei ankommt. Letztendlich haben also beide Seiten Unrecht: Weder die Umwelt noch die Gene sind jeweils für sich entscheidend für die Intelligenz. Es bringt auch nichts, diese beiden Faktoren getrennt voneinander zu betrachten, denn sie interagieren. Die Aktivität von Genen kann durch die Umwelt gesteuert werden, genauso wie Gene sich auf die Umwelt auswirken können.

Intelligenz lässt sich wissenschaftlich gut messen, doch sie ist keine absolute Größe, sondern nur im Vergleich zwischen verschiedenen Testpersonen sinnvoll. Sie ist es eine statistisch bedingte Zahl – und so was ist nur umständlich zu verstehen. Deswegen bin ich umso froher, dass Sie nun auch dieses Kapitel erfolgreich zu Ende gelesen haben. Denn somit ist der Beweis erbracht: Zumindest Sie sind intelligent genug, auch die kompliziertesten Intelligenzmythen zu entzaubern. Auf eine solche Leserschaft kann man stolz sein.

Mythos n° 19

Was Hänschen nicht lernt,
lernt Hans nimmermehr

Als ich neulich durch die Straßen Mannheims schlenderte, entdeckte ich etwas Erstaunliches. Vor mir tippten zwei 7-Jährige mit virtuoser Meisterhand auf ihrem Handy herum und schickten offensichtlich wie wild Textnachrichten hin und her. Kurze Zeit später dann der Gegenentwurf: Ich traf meinen Vater, der mit ungelenken Bewegungen das Display seines Smartphones malträtierte. Einen klareren empirischen Beweis für die Unfähigkeit, im Alter neue Dinge zu lernen, kann ich mir kaum vorstellen.

Tatsächlich herrscht die Meinung vor, dass es immer schwieriger wird, sich im Alter noch neue Fertigkeiten anzueignen. Die Warnung dazu ist unmissverständlich: „Was Hänschen nicht lernt, lernt Hans nimmermehr" – also aufgepasst, ihr jungen Leute, verpasst bloß nicht den kritischen Zeitpunkt, um Französisch, Saxofon oder Hammerwerfen zu lernen. Einmal zu spät, kann man später nur noch mit Mühe das aufholen, was am Anfang des Lebens versäumt wurde.

Oft wird auch das Bild vom „Zeitfenster" bemüht, das beschreiben soll, dass es nur einen kurzen Zeitraum gibt, in dem man sich bestimmte Dinge aneignen könne. Ein kindliches Gehirn (aufnahmefähig wie ein Schwamm soll es sein) könne nahezu alles lernen, doch wenn einmal das kritische Zeitfenster zuklappt: Zack! Zu spät, kaum noch eine Chance für einen Erwachsenen, den Rückstand aufzuholen.

Schlechte Aussichten, könnte man meinen, doch was ist dran an diesem Mythos? Sind alte Menschen tatsächlich nicht mehr lernfähig und Kinder allfähige Lernmaschinen? Gibt es überhaupt ein solches „Lern-Zeitfenster", und wenn ja, wie gut schließt es, wenn es einmal zuklappt? Besteht überhaupt noch Hoffnung, dass auch mein Vater in Bälde unnütze Status-Updates auf Facebook posten kann?

Der sprachliche Vorschlaghammer

Kaum auf der Welt, hat ein Gehirn schon eine Menge zu tun: Gerade war es noch im Mutterleib, gut geschützt vor der Außenwelt, und hat vielleicht ein paar rötlich eingefärbte Lichtreize und dumpfes Gemurmel mitbekommen – doch auf einmal gibt es das volle Programm aus Geräuschen, Bildern, Gerüchen, Geschmack und Tastempfindungen. Da heißt es für das Gehirn, den Überblick zu bewahren und das Wichtige vom Unwichtigen zu trennen. Bevor man nämlich als Erwachsener den Horizont seiner geistigen Welt erweitern kann, muss das Gehirn diese geistige Welt und den dazugehörigen Horizont erst einmal abstecken. Genau das passiert in den ersten Monaten, und tatsächlich ist diese Zeitspanne entscheidend für die Entwicklung des Gehirns.

Zu Beginn des Lebens ist das Gehirn wirklich besonders aufnahmefähig, weil es noch nicht mit allerlei Informationen, die sich im Laufe der Zeit ansammeln, vorbelastet ist. Die Nervenzellen sind übermäßig stark miteinander verbunden, so können sie eine außergewöhnlich große Zahl an Aktivitätsmustern ausbilden und sich schnell an die eintreffenden Reize anpassen. Auf diese Weise verändert sich die Architektur des Nervennetzwerks je nachdem, welche Reize verarbeitet werden müssen (das ist so wichtig, dass ich das in beinahe jedem Kapitel wiederhole). In den ersten Lebensjahren passiert dabei etwas Entscheidendes: Viele der Verbindungen zwischen den Nervenzellen werden gekappt. Dieses Zurechtstutzen erhöht die Effizienz des Nervennetzwerks ungemein, denn was im Laufe der Zeit nicht benutzt wurde, kann weg. Dieses Absterben von Nervenzellkontakten macht das Netzwerk plastisch und ermöglicht außergewöhnliche Lernleistungen in jungen Jahren.

Besonders deutlich wird das bei der Sprachentwicklung. Ein verrückter Prozess, denn ganz ohne Vokabelheft, Klassenarbeiten und motivierte Pädagogen schafft es das Gehirn, eine beliebige Sprache (oder auch deren zwei) komplett akzentfrei zu lernen. Dabei geht es jedoch nicht darum, einfach eine neue Sprache zu pauken, sondern erst mal die Infrastruktur dafür zu schaffen, Sprachmuster überhaupt zu erkennen und zu verarbeiten. Bevor man sich also unter dem Begriff „Vorschlaghammer" etwas vorstellen und ihn in andere Sprachen übersetzen kann, muss das Gehirn zunächst klären, was das überhaupt ist: ein Wort.

Es beginnt damit, dass das Gehirn zwischen verschiedenen Lauten unterscheiden muss. Obwohl es nämlich einige Tausend Sprachen gibt, existieren nur etwa 70 verschiedene Laute, aus denen sich diese Sprachen zusammensetzen. In den ersten sechs Monaten macht ein Baby keinen Unterschied zwischen diesen unterschiedlichen Sprachbausteinen und ist prinzipiell in der Lage, alle Sprachen zu lernen. Das ändert sich jedoch schnell. Da die Eltern oft in einer Sprache mit dem Baby sprechen, erkennt dieses schon nach acht Monaten vorzugsweise die Laute eben jener Sprache, die so zur Muttersprache wird.[113] Andere akustische Sprachbausteine werden nicht so sehr gebraucht – das Baby reagiert weniger darauf.

Die Extraktion von Sprachmustern, die Erkennung von Lauten, die eigene Sprachproduktion – all das passiert vollautomatisch, ohne dass dieses Vorgehen antrainiert werden müsste. Die Fähigkeit des Spracherwerbs ist uns angeboren und wird schnellstmöglich angewendet. Allerdings scheint es nur einmal möglich zu sein, eine Muttersprache (oder zwei oder drei) zu erlernen. Wann der Zeitraum dafür abgeschlossen ist, ist zwar nicht ganz klar. Doch spätestens nach der Pubertät wird eine neu erlernte Sprache anders verarbeitet als die Muttersprache. Das kann man sogar sichtbar machen, denn für eine Zweitsprache werden im Gehirn zusätzliche Hirnregionen aktiviert, die für die Muttersprache nicht nötig wären.[114] Die Sprachzentren holen sich quasi externe Hilfe, um eine zweite Sprache verarbeiten zu können.

Die Jungfräulichkeit eines neuen Gehirns

Das heißt natürlich nicht, dass man eine neue Sprache nicht akzentfrei lernen kann, wenn man zu alt geworden ist. Doch im Alter lernt man eine Fremdsprache eben anders als ein Neugeborenes, das sich ein Sprachkonzept noch komplett ahnungslos von Grund auf erarbeiten muss. Das Nervennetzwerk eines Babys ist bereit, jegliches Muster völlig gleichwertig zu verarbeiten. Im Laufe des Älterwerdens wird ein Baby jedoch immer öfter mit den gleichen Sprachmustern (Wörtern, Tempo, Stimmlage) konfrontiert. Logischerweise kommen daher einige Aktivitätsmuster im Gehirn häufiger vor und verändern die Architektur des Netzwerks so, dass diese Muster besser verarbeitet werden. Das Gehirn verliert gewissermaßen seine Unschuld und zieht einige Informationen anderen vor. Eine Muttersprache wird deswegen immer anders verarbeitet werden als eine Fremdsprache, die man im Alter von 20 Jahren erlernt.

Ein anderes schönes Beispiel für einen solchen Prozess, bei dem sich das Gehirn im Laufe der Zeit auf bestimmte Muster konzentriert, ist die Erkennung von Gesichtern: Neugeborene unterscheiden nicht zwischen Menschen- und Affengesichtern. Erst ab einem Alter von etwa sechs Monaten schenken sie einem menschlichen Antlitz deutlich mehr Aufmerksamkeit als einem Affengesicht. Dies ist auch der Grund dafür, dass für uns noch als Erwachsene auf den ersten Blick alle Schimpansen gleich aussehen. Es geht sogar noch weiter: Im Laufe der Zeit lernen wir, Gesichter in unserem eigenen Kulturkreis besonders gut zu unterscheiden. Deswegen fällt es uns wiederum schwer, Unterschiede in Gesichtern von Koreanern oder Chinesen zu erkennen – genauso sehen Mitteleuropäer für Japaner fast gleich aus. Doch wer länger im Ausland war, weiß: Gesichtserkennung ist trainierbar, nach einiger Zeit können Sie vormals ähnliche Gesichter genauso gut unterscheiden wie Gesichter in Ihrer Heimat.

Dies illustriert vor allem eines: Jawohl, es gibt sensitive Phasen in unserer Gehirnentwicklung, in denen wir lernen, Muster (akustische oder optische) zu erkennen und schnell zu verarbeiten. Doch nur in ganz seltenen Fällen (wie beim Erlernen grundlegender sprachlicher Fähigkeiten) handelt es sich dabei um eine einmalige Gelegenheit. Vergessen Sie daher den irreführenden Begriff eines „kritischen Zeitfensters", das irgendwann komplett geschlossen ist. Denn tatsächlich schließen solche Zeitfenster äußerst schlecht und sind dazu noch einfachverglast: Ständig zieht es, neue Informationen kommen durch und ermöglichen es auch einem erwachsenen Gehirn, neue Sprachen oder Bewegungen zu lernen. Was Hänschen nicht gelernt hat, ist deswegen noch lange nicht verloren. Hans muss es sich nur anders erarbeiten als in jungen Jahren.

Die Aktivität des Alters

Allerdings verändert sich im Alter tatsächlich die Struktur des Gehirns – und zwar nicht unbedingt zum Vorteil: Die Hirnmasse nimmt ab,[115] genauso wie die Verbindungen zwischen den Hirnbereichen weniger werden.[116] Alte Gehirne scheinen Informationen überdies „anders" zu verarbeiten als junge Gehirne. Wenn man nämlich die Aktivität der Gehirne alter Testpersonen untersucht (für einen Wissenschaftler beginnt „Alter" dabei in der Regel mit 65 Jahren), stellt man fest, dass sie zum Problemlösen Areale heranziehen, die bei jungen Probanden (20-Jährigen) nicht übermäßig aktiv sind. Bei Gedächtnisaufgaben (dem Merken von Wörtern beispielsweise) sind bei älteren Menschen verstärkt Bereiche des präfrontalen Cortex im Stirnhirn aktiv – jüngere Testpersonen lösen dieselben Gedächtnisaufgaben jedoch vor allem in Regionen im hinteren Bereich des Gehirns.[117] Dieses Phänomen nennt man daher auch etwas unelegant „Von-hinten-nach-vorne-Verschiebung-mit-dem-Altern" (engl. *posterior-anterior shift with aging, PASA*).

In aller Regel werden solche Untersuchungen der Hirnaktivität mit der schon im allerersten Kapitel beschriebenen fMRT untersucht. Das Problem ist auch hier wieder: Was die erzeugten Bilder der Hirnaktivität genau bedeuten, wissen wir nicht. Aktuell interpretiert man die großflächigere Aktivität von älteren Gehirnen als Kompensations-Effekt: Weil Effizienz und Verarbeitungsgeschwindigkeit im Alter nachließen, müsse das Gehirn schon bei einfachen Aufgaben großflächig aktiviert werden. Junge Leute könnten hingegen entsprechende Aufgaben in kleineren Netzwerken schneller und effizienter lösen.[118]

Viele Wege zum Ziel

Doch es muss kein Nachteil sein, wenn ein altes Gehirn selbst einfache Aufgaben weit verteilt bearbeitet. Wenn Sie für knapp 30 Sekunden alle 2 Sekunden ein neues Wort sehen, das Sie sich kurzfristig merken sollen, gibt es im Prinzip zwei Vorgehensweisen. Entweder Sie speichern das Wort „an sich", indem das entsprechende Aktivierungsmuster im Gehirn präsent gehalten wird. Das ist anstrengend und erfordert, dass der präfrontale Cortex die entsprechenden Wörter möglichst lange im Bewusstsein halten kann. Je jünger man ist, desto besser wird das klappen. Doch es gibt noch eine andere Strategie: Je größer Ihr Wortschatz ist, desto besser können Sie ein zu merkendes Wort mit anderen Wörtern oder Erinnerungen verknüpfen. Sie vergrößern das Aktivierungsmuster, welches das entsprechende Wort in Ihrem Gehirn auslöst (genau so funktionieren übrigens die Merktricks von Gedächtniskünstlern). Wenn Sie wissen, dass Sie Ihre erste große Liebe auf einer Parkbank geküsst haben, entfällt Ihnen dieses Wort bei einem Gedächtnistest wohl kaum.

Fazit: Zwei Wege führen zum gleichen Ziel, sich nämlich Worte merken zu können. Genau das kann man auch messen, denn ob man in obigem Merk-Test gut oder schlecht abschneidet, hängt vor allem vom aktiven Wortschatz ab. Das Alter ist hingegen sekundär.[119] Die Erfahrung des Alters kann es bis zu einem gewissen Grad also mit der Effizienz und Geschwindigkeit der Jugend aufnehmen.

Überdies sollte man nicht unterschätzen, wie gut jedes Gehirn lernen kann, egal wie alt es ist. Wenn es gefordert wird (zum Beispiel, indem man konkret das Merken von Wörtern übt), kehrt es zu einem „jugendlichen" Aktivitätsmuster zurück und hat es offenbar nicht mehr nötig, zusätzliche Hirnregionen schon für einfache Aufgaben zu aktivieren.[120] Denn plastisch und anpassungsfähig bleibt ein Gehirn lebenslang.

Lernen im Alter

Gerade in den letzten Jahren entdeckt die Neurobiologie die gesunden Alten. Oftmals konzentrieren sich Forscher ja auf krankhafte Veränderungen, die mit dem Alter zusammenhängen: Demenz, Alzheimer, Parkinson und so weiter. Das ist alles sehr wichtig und spannend (und verbessert obendrein die Chancen, dass ein wissenschaftliches Projekt finanziell gefördert wird), doch genauso interessant ist es, wenn man untersucht, wie ein gesundes altes Gehirn überhaupt funktioniert.

Dabei stellt man Überraschendes fest. Denn die langjährigen Annahmen, dass das Gehirn im Alter unumkehrbar zerfällt und kaum noch etwas Neues lernen kann, entpuppen sich als Fehlschluss. Natürlich fällt auch ein 80-jähriges Gehirn nicht sofort in einen Jungbrunnen, nur weil man anfängt, ein paar Gedächtnisspielchen zu spielen. Doch tatsächlich sind Gehirne erstaunlich anpassungsfähig. Sogar komplexe Bewegungsvorgänge lassen sich noch lernen, zum Beispiel Jonglieren. Drei Monate Üben reichen für über 50-Jährige aus, um drei Bälle gekonnt durch die Luft fliegen zu lassen. Bei 20-Jährigen mag das etwas schneller gehen, doch das Resultat ist dasselbe. Interessant ist überdies: Nach einem solchen Training verändert sich das Gehirn von älteren Probanden auch strukturell. Der Hippocampus (der Gedächtnis-Meister) und die Hirnrinde im Sehzentrum legen an Masse zu, auch das Belohnungszentrum (Sie erinnern sich: der Beischlaf-Kern) wird etwas größer.[121] Ein älteres Gehirn ist also keineswegs wie ein marodes Gebäude, das nur noch auf den endgültigen Abriss wartet, es kann genauso gut wachsen wie das Gehirn eines Studenten – vielleicht nicht ganz so flott, doch mit genauso viel Spaß.

Dass alte Gehirne strukturell wandlungsfähig bleiben, zeigt sich auch bei ausgiebigem Sprachgebrauch. Besonders günstig scheint es zu sein, wenn man mehrere Sprachen spricht. Bei zweisprachigen 70-Jährigen sind beispielsweise die vorderen und hinteren Hirnregionen sowie die beiden Hirnhälften besser miteinander verbunden als bei einsprachigen.[122] Die Dichte der Nervenfasern ist erhöht, sodass verschiedene Hirnbereiche vermutlich effizienter miteinander zusammenarbeiten können. Auch wenn es diffizil ist, die Ergebnisse solcher Untersuchungen auf die Wirklichkeit zu übertragen: Ein zweisprachiges Gehirn bleibt auch im Alter leistungsfähiger und schneidet bei Konzentrations- und Reaktionstests besser ab als ein einsprachiges.[123]

Hänschen und Hans

Unterschätzen Sie also niemals die Fähigkeit eines ausgereiften Nervennetzwerks. Es mag vielleicht ein bisschen in die Jahre gekommen sein, doch eine verlangsamte Informationsverarbeitung gleicht es oftmals mit einer besonders ausgiebigen Vernetzung aus. Wandlungsfähig bleibt es selbst bis ins hohe Alter und passt sich bis zum Schluss an jeden neuen Reiz an.

Damit ist klar: Was Hänschen nicht lernt, kann Hans trotzdem lernen. Es mag ein bisschen länger dauern, doch prinzipiell ist es genauso gut möglich, im Alter eine neue Sprache

Was Hänschen nicht lernt, lernt Hans nimmermehr

oder ein Musikinstrument zu lernen, wie in jungen Jahren, Lern-Zeitfenster hin oder her. Fairerweise muss ich jedoch ein wenig einschränken: Zur virtuosen Meisterschaft werden Sie es nicht bringen, wenn Sie erst mit 60 Jahren das Geigespielen lernen, auch eine oder mehrere Muttersprachen lernt man wie gesagt nur einmal im Leben. Spaß macht es trotzdem. Dabei gilt wie immer: Je größer die Aktivitätsmuster im Gehirn sind, desto nachhaltiger wird es lernen, das Hirnjogging-Kapitel lässt grüßen.

Eines wird aber auch deutlich: Selbst wenn Hans neue Informationen prinzipiell lernen kann, tut er dies auf andere Weise als Hänschen. Gerade in den ersten Lebensjahren ist ein Gehirn besonders neugierig und verarbeitet neue Informationen völlig vorbehaltlos. Ein neues Wort? Eine neue Bewegung? Einfach ausprobieren, es gibt ja nichts zu verlieren.

Im Laufe der Zeit wird auch das Gehirn älter, und eine neue Information (ein neues Aktivitätsmuster) konkurriert mit der bestehenden Architektur im Netzwerk. Weil jede eintreffende Information in das bestehende Netzwerk integriert werden muss, wird am Anfang überprüft, wie sinnvoll das ist. Deswegen nähern sich ältere Menschen einem Problem von einer anderen Seite als junge, vielleicht nicht ganz so naiv und vorbehaltlos. Doch sie nutzen ihr in jahrelangem Training verfeinertes Netzwerk, um mit Erfahrung und Vorwissen Informationen schnell einzuordnen und großflächig im Gehirn zu verknüpfen – und kommen so zu ausgewogeneren Urteilen, was es zu lernen lohnt und was nicht.

Zögern Sie also nicht, etwas Neues auszuprobieren. Egal, wie alt Sie sind. Ihr Gehirn ist plastisch, es ist dynamisch, es passt sich immer an. Schwindende Hirnmasse im Alter ist keine Ausrede. Das hört sich nämlich dramatischer an, als es ist, wird sie doch (bei einem gesunden Alterungsprozess ohne Demenz oder Ähnliches) durch ein funktionierendes Netzwerk aufgefangen, das sich im Laufe der Zeit immer weiter optimiert hat.

Das musste ich am eigenen Leibe erfahren, denn mittlerweile beherrscht mein Vater den Umgang mit seinem Smartphone – und fotografiert nicht nur permanent sein Essen und lustige Wolkenformationen, sondern lädt die Bilder auch noch auf Facebook hoch. Doch als Neurobiologe weiß ich ja: Seine ausgeprägte Lebenserfahrung (repräsentiert in der Architektur seines Nervennetzwerks) wird dieser neu erlernten und nervigen Unsitte schnell Einhalt gebieten. Hoffentlich.

Mythos n° 20

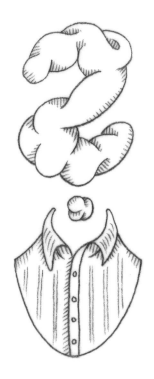

Die Hirnforschung wird den menschlichen Geist erklären

Na, das will ich doch sehr hoffen. Schließlich habe ich mich voller Überzeugung dazu entschieden, Neurowissenschaftler zu werden. Und ich bin auch immer noch der Meinung: Hirnforschung ist klasse! Ihre Versprechen sind nämlich gewaltig: Es geht um nichts weniger als die Entschlüsselung der letzten großen Geheimnisse der Menschheit, wenn nicht sogar der allerwichtigsten Frage überhaupt: Was ist der menschliche Geist? Oder auch: Wie entsteht Bewusstsein?

Alle Achtung, das ist mal ein Hammer von einer Frage. Denn der menschliche Geist steht am Anfang allen Wissens: Woraus das Universum besteht, wie das Leben entstand, wer den Eurovision Song Contest gewinnt – ohne ein menschliches Bewusstsein würde niemand diese Fragen stellen und beantworten können. Fragen Sie mal eine Ameise (hat sehr wahrscheinlich kein Bewusstsein), die kümmert sich einen feuchten Kehricht um solche Dinge.

Logischerweise haben sich seit Jahrtausenden Philosophen und Psychologen ihren Kopf über denselben zerbrochen – völlig vergebliche Liebesmüh, denn erst jetzt wird klar: Auf das Equipment kommt es an! Mit teuren „Hirnscannern", den raffiniertesten biochemischen Versuchsansätzen und grandiosen 3D-Animationen von denkenden Gehirnen wird das Bewusstseinsproblem von einer völlig neuen Seite aufgerollt. Aufgepasst, die Hirnforschung kommt – und verspricht, den „neuronalen Code" zu knacken!

Hinzu kommt: Die Hirnforschung bleibt nicht nur auf die konkrete Biologie beschränkt. Hirnforscher sind heute überall, denn ohne Gehirne geht nichts im Leben. Und wer könnte besser erklären, was in unseren Köpfen passiert, als ein Hirnforscher? Deswegen sprießen überall „Neuro-Disziplinen" aus dem Boden: Neuromarketing, Neuroökonomie, Neurosoziologie, Neuroethik, Neurotheologie, Neurofinance und Neurorhetorik. Die Liste ließe sich beliebig fortsetzen und zeigt: Alles, was „Neuro" ist, ist nicht nur cool, sondern auch wissenschaftlich fundiert. Irgendwie.

Doch was ist wirklich dran an den ganzen Versprechungen der Hirnforschung? Wird es wirklich bald möglich sein, das menschliche Bewusstsein zu verstehen? Brauchen wir überhaupt noch eine „Philosophie des Geistes" oder Psychologen, die unser Gehirn untersuchen? Oder wird die Hirnforschung bald alles erklären?

Die Hirnforschung an sich

Die Hirnforschung gehört zu den derzeit angesagtesten Naturwissenschaften: Allein im Jahr 2013 gab es über 80 000 wissenschaftliche Publikationen zu Themen rund ums Gehirn. Selbst wenn ein fleißiger Hirnforscher bei seiner Arbeit durch eine Vielzahl an Praktikanten und HiWis unterstützt wird (was leider selten der Fall ist), fällt es da schwer, den Überblick zu behalten. Genauso übrigens wie auf der jährlichen Tagung der Society for Neuroscience (Gesellschaft für Neurowissenschaften): Wenn man in fünf Tagen allein 15 000 unterschiedliche wissenschaftliche Ergebnisse und Durchbrüche präsentiert bekommt, gerät jedes Gehirn an seine Leistungsgrenze. Immerhin findet sie alle zwei Jahre im kalifornischen San Diego statt, dort macht selbst ein fachlicher Neuro-Overkill Spaß.

Doch was so homogen daherkommt („*die* Hirnforschung"), ist in Wirklichkeit eine Mischung aus den unterschiedlichsten Disziplinen. Denken Sie ja nicht, dass es *den* Hirnforscher gäbe, denn je nach Spezialdisziplin erforscht jeder etwas anderes. Das wird klar, wenn man sich anschaut, wie so ein buntes

Die Hirnforschung wird den menschlichen Geist erklären

fMRT-Bild zustande kommt, das ein „Gehirn beim Denken" zeigen soll: Ein Kernspintomograph wird von einem Radiologen bedient, die Experimente können von einem Psychologen entworfen sein, zur Aufbereitung des Bildmaterials sind oft Informatiker nötig. Währenddessen erledigen HiWis und Praktikanten lästige Laborarbeiten, sortieren Aufzeichnungen und kochen Kaffee. Was die Bilder nun bedeuten, können nur Neurobiologen mit anatomischem Sachverstand gemeinsam mit den Psychologen beurteilen. Eine ganze Gruppe an Experten ist also daran beteiligt, ein neurowissenschaftliches Experiment durchzuführen.

Hirnforschung ist Teamarbeit: Neurophysiologen untersuchen die elektrischen Eigenschaften von Nervenzellen, Histologen die Gewebestruktur, Anatomen den Aufbau des Gehirns. Zellbiologen erforschen die Funktionsweise von Nerven- und Gliazellen, Molekularbiologen das Zusammenspiel der Proteine in einer Zelle, Genetiker die zugrunde liegenden genetischen Programme. Informatiker simulieren neuronale Netzwerke, Kognitionswissenschaftler erforschen die Informationsverarbeitung von Gehirnen, Neurologen schließlich sind Mediziner, die krankhafte Veränderungen im Nervensystem verstehen und behandeln wollen. Und zum Schluss treffen sich 30 000 von ihnen auf einer einwöchigen Tagung und tauschen ihre Ergebnisse aus. Da geht es mindestens genauso unübersichtlich zu wie im Gehirn selbst.

Den Hirnforscher gibt es also gar nicht. Genauso wenig, wie es *den* Musiker oder *den* Sportler gibt. Denn niemand wird das Gehirn allumfassend erforschen und verstehen können. Vor einigen Hundert Jahren mag es noch Universalgelehrte wie Leonardo da Vinci gegeben haben, die mehr oder weniger alleine ein wissenschaftliches Feld beackert haben. Die Zeiten sind jedoch vorbei. Glauben Sie bloß nicht, dass irgendwann ein Hirnforscher vor die Presse tritt und erklärt: „Heute habe ich herausgefunden, wie das Gehirn Bewusstsein erzeugt." Genauso gut könnten Sie vom Trainer von Hannover 96 verlangen, dass er gleichzeitig Meister in allen europäischen Ligen wird.

Erwarten Sie also nicht zu viel von „der Hirnforschung". Entscheidend ist nämlich das, was an der Grenzfläche zu anderen Wissenschaften entsteht. Auf keinen Fall sind die Neurowissenschaften wichtiger oder mehr wert als andere Disziplinen. Sie gehen die Fragestellungen nur von einer anderen Seite an, und ihre Ergebnisse müssen genauso kritisch hinterfragt werden wie die anderer Wissenschaften. Das dürfte in diesem Buch an mehr als einer Stelle deutlich geworden sein.

Der Geist

Da ich Sie in diesem Buch wahrscheinlich (und hoffentlich) hier und da desillusioniert haben dürfte, schrecke ich nun nicht vor dem großen Finale zurück: Auch die Neurowissenschaften stoßen an Grenzen! Potz Donner und Blitz – und zwar genau dann, wenn sie zur Erklärung der komplexesten philosophischen Fragestellungen instrumentalisiert werden. Neurowissenschaftler wollen das Gehirn verstehen, doch alleine werden sie nicht erklären können, wie Selbstbewusstsein oder der menschliche Geist oder der freie Wille funktionieren. Hirnforscher werden gerne als moderne Allzweckwaffe im Kampf gegen die letzten Geheimnisse unseres Geistes gesehen, doch das sind sie nicht. Das wird deutlich, wenn wir uns zwei besonders populäre Forschungsfragen anschauen, in denen die Neurowissenschaften immer wieder herangezogen werden: das Problem des Bewusstseins und die Frage nach dem freien Willen.

Eigentlich ist Bewusstsein ziemlich leicht zu erkennen: Man fragt jemanden, und wenn er antwortet, sollte er bei Bewusstsein sein. Experimente können so einfach sein! Das mag banal klingen, doch viel mehr kann man auch mit einem fMRT (dem „Hirnscanner") oder einem EEG (zum Ableiten der „Hirnströme") nicht erkennen. Man weiß zum Beispiel, wenn sich Nervenzellgruppen zu gemeinsamer Aktivität verabreden und

Die Hirnforschung wird den menschlichen Geist erklären

etwa 20 Mal pro Sekunde ein neues elektrisches Feld erzeugen (der Fachmann spricht von beta-Wellen), sollte das Gehirn bei Bewusstsein sein. Wenn dann noch Aktivität im präfrontalen Cortex hinzukommt, ist alles klar: Das neurobiologische Korrelat des Bewusstseins ist gefunden, das Gehirn ist putzmunter und liest zum Beispiel ein interessantes Buch über sich selbst.

Doch nur weil wir wissen, welche Hirnbereiche gerade verstärkt aktiv sind (der Rest vom Gehirn ist ja nicht ausgeschaltet, sondern arbeitet fleißig weiter), haben wir noch nicht verstanden, was Bewusstsein ist. Das trifft nicht nur auf das Bewusstsein, sondern auch auf Gefühlsempfindungen, das Gedächtnis oder die Bewegungskontrolle zu. Für all diese Vorgänge kann man bestimmte Aktivitäten im Gehirn feststellen – doch das bringt uns nur wenig dabei weiter, diese Prozesse im Detail zu verstehen.

Dazu ein Beispiel: Stellen Sie sich vor, Sie wollen einem Blinden erklären, was die Farbe Blau ist. Sie können jegliche Information über diese Farbe preisgeben (Wellenlänge von 467 Nanometer, Beleuchtungsstärke von 500 Lux, und so weiter), Sie können alle nur erdenklichen Vergleiche anführen, in denen Blau vorkommt (Himmel, Meer, unterkühlte Fußzehen), und doch werden Sie nie vermitteln können, wie es ist, Blau zu sehen. Es fehlt die Qualität des persönlichen Empfindens, das Gefühl des Blaus. Die Philosophen nennen dieses Phänomen daher „Qualia-Problem" – und dieses Problem ist nicht von den Neurowissenschaften allein zu lösen (wenn es denn überhaupt zu lösen ist). Denn genauso, wie Sie einem Blinden nicht verständlich machen können, wie Blau ist (obwohl er alle Informationen dazu hat), können Sie mit ein paar Hirnscans nicht verstehen, wie aus den „aktiven Zentren" im Gehirn Bewusstsein entsteht.

Natürlich gibt es verschiedene Modelle, die erklären sollen, wie es sich mit dem Bewusstsein (dem „Geist") und dem Gehirn verhält. Doch sie sind experimentell kaum zugänglich. Wie will man auch etwas Nichtmaterielles wie eine persönliche

Empfindung (oder den „Geist" oder die „Seele") untersuchen? Die Hirnforschung ist eine praktische, eine durchführende Wissenschaft. Sie ist daher ungeeignet, um philosophische Fragestellungen wie die nach dem Wesen des menschlichen Geistes zu beantworten. Natürlich können wir sagen, dass bei bewusstem Erleben der präfrontale Cortex und das anteriore Cingulum aktiv sein müssen, doch wir wissen nicht, wie aus dieser Aktivität Bewusstsein entsteht oder ob diese Aktivität an sich schon Bewusstsein ist.

Letztendlich ist die Frage nach dem menschlichen Geist auch nicht eine rein naturwissenschaftliche. Geisteswissenschaften tragen ihren Namen zu Recht, und Disziplinen wie die Informatik können sehr viel besser erklären, wie Informationen in einem Netzwerk verarbeitet werden und ob ein solches Netzwerk (sei es künstlich oder biologisch) einen Geist hervorbringen kann. Natürlich kann die Hirnforschung die biologischen Grundlagen liefern, um solche Erkenntnisse auf das Gehirn zu übertragen. Doch alleine schafft es selbst die Neurowissenschaft nicht, das Gehirn komplett zu erklären. Erst wenn sie sich mit anderen Wissenschaften verbündet, stößt sie, vielleicht, zum Kern des Bewusstseins vor.

Der Wille

Eng verknüpft mit dem Wesen des menschlichen Bewusstseins ist die Frage nach der Willensfreiheit. Die Logik ist klar: Wenn tatsächlich alle Vorgänge in unserem Kopf biologischer Natur sind, dann unterliegen sie den Naturgesetzen und sind damit vorherbestimmt. Ein freier Wille kann daher nicht existieren, und wenn wir (theoretisch) das gesamte Gehirn komplett kennen würden, könnten wir auch genau vorhersagen, wie es sich verhält.

Oftmals wird für diese Annahme das Libet-Experiment angeführt, das 1983 von Benjamin Libet in San Francisco durchgeführt wurde.[124] Er machte folgenden Test: Probanden saßen

Die Hirnforschung wird den menschlichen Geist erklären

vor einem Knopf, den sie zu einer beliebigen Zeit drücken konnten. Vor ihnen drehte sich eine Art Uhrzeiger, in drei Sekunden machte er einen kompletten Umlauf. Die Versuchsteilnehmer sollten sich nun merken, in welcher Zeigerstellung sie den bewussten Entschluss fassten, den Knopf zu drücken. Das Erstaunliche war nun: Wenn man gleichzeitig die Hirnströme der Probanden ableitete, konnte man schon eine halbe Sekunde *bevor* die Teilnehmer ihre bewusste Entscheidung fällten, erkennen, dass sie ihre Entscheidung zum Knopfdrücken treffen würden (dies zeigte sich in den Hirnströmen als charakteristisches Muster, das Bereitschaftspotenzial).

Nichts sei es also mit dem freien Willen, unser Bewusstsein hinke unseren unbewussten Entscheidungen hinterher. Ganz offenbar wollen wir also, was wir tun (und nicht umgekehrt). Bevor wir uns bewusst dazu durchringen, das „Traumschiff" zu schauen, habe unser Gehirn schon längst für uns entschieden. Ein willenloser Bioautomat, das sei alles, was die Hirnforschung von uns übrig lasse. Doch ob sich ein solches Denken im wirklichen Leben bewährt? Sie können Ihrem Chef ja gerne mal einen Kinnhaken verpassen und anschließend verkünden, dass Ihr thalamo-corticales System in Verbindung mit Ihrem orbitofrontalen Cortex diese Handlung unabwendbar ausgelöst hat. Das ist ein spannendes Sozio-Hirnforschungs-Experiment, viel Spaß dabei.

Doch die Konsequenz, die man aus dem Libet-Experiment gezogen hat (dass Willensfreiheit eine Illusion sei), war viel zu voreilig. In den letzten Jahren hat man nämlich zeigen können, dass das Bereitschaftspotenzial gar nichts darüber aussagt, welche Handlung ausgeführt wird. Stellt man den Probanden nämlich vor die Wahl, zwei verschiedene Knöpfe zu drücken, und teilt ihnen durch einen Lichtreiz kurz vorher mit, welchen Knopf sie drücken sollen, so springt das Bereitschaftspotenzial schon an, *bevor* sie diesen Hinweisreiz kriegen.[125] Das Bereitschaftspotenzial bestimmt also keineswegs die Art der Handlung, sondern ist so etwas wie ein neuronaler

Startblock: Das Gehirn wird in einen erregten Zustand versetzt, so kann es schnell eine Entscheidung treffen. Doch welche das ist und wie es zu dieser Entscheidung kommt, das wissen wir nicht.

Hier sieht man wieder, wie schnell man über das Ziel hinausschießt, wenn man wissenschaftliche Experimente für die Erklärung ganzer philosophischer Denkgebäude (wie der Willensfreiheit) instrumentalisiert. Tatsächlich sind wir in Sachen „freier Wille" auch nicht viel weiter als beim Bewusstseinsproblem: Wir wissen nicht konkret, wie sich komplexe Handlungsentscheidungen im Nervensystem formen, bevor sie dann bewusst werden können. Wir sprechen hier ja nicht von einem einfachen Reflex, den man leicht neurobiologisch erklären kann. Es geht um Fragen, die die höchste kognitive Kontrolle des Gehirns erfordern, zum Beispiel, ob man „Traumschiff" oder „Tatort" schauen soll.

Auch hier ist die Hirnforschung auf Kooperation mit anderen Wissenschaften angewiesen. Wir müssen nicht gleich unser Strafrecht über Bord werfen, nur weil unsere mentalen Prozesse sehr wahrscheinlich eine biologische Grundlage haben. Die Philosophie weiß schon längst: Solange wir unsere Entscheidungen frei von Zufall beziehungsweise innerem oder äußerem Zwang treffen und uns selbst als Urheber einer Handlung bezeichnen können, ist alles in Ordnung. Sicher mag unser Nervennetzwerk auf irgendeine Weise Entscheidungen hervorbringen, doch selbst wenn wir das im Detail wüssten, würde sich an unserem sozialen Gefüge nicht viel ändern. Denn eine Gesellschaft ist mehr als die bloße Umsetzung neuester Hirnforschungs-Erkenntnisse.

Die Neuro-Grenze des Wissens

Momentan tut sich die Hirnforschung noch äußerst schwer, komplexe mentale Vorgänge (wie Bewusstsein) zu messen. Das mag auch daran liegen, dass die verwendeten Messverfahren

Die Hirnforschung wird den menschlichen Geist erklären

noch nicht ausgereift genug sind. Was dann gemessen wird, kann jedoch anschließend umso besser medial verwertet werden. Ein Schnappschuss von einem männlichen Gehirn, wenn es „Germany's Next Topmodel" schaut – wer ist daran nicht interessiert? Doch der Informationsgehalt ist gering: Hier ein „Zentrum" aktiver, dort ein paar Nervenzellcluster ruhiggestellt, das reicht nicht aus, um die Gedanken zu lesen oder den mentalen Zustand des menschlichen Geistes zu decodieren.

Die Hirnforschung ist deswegen denkbar ungeeignet, um zu erklären, warum wir an Gott glauben oder warum jemand eine Straftat begangen hat. Doch das wollen Neurowissenschaftler auch gar nicht (die meisten jedenfalls). Als ich in der Grundschule war, habe ich eine einfache Regel gelernt: In Klassenarbeiten löst man erst die einfachen Aufgaben, die bringen die meisten Punkte. So arbeitet man sich voran und kann zum Schluss auch die schweren Brocken lösen. Die Neurowissenschaften sollten das ganz genauso tun und erst mal die spannenden Grundlagen erklären, die sich experimentell tatsächlich gut erforschen lassen.

Vergessen Sie daher „Neurotheologie" und „Neuroethik". Wir sind beileibe nicht so weit, unsere grundlegenden und oftmals simplen Versuchsergebnisse zur Erklärung komplexer Sozialgefüge zu nutzen. Natürlich bringen uns neurowissenschaftliche Erkenntnisse weiter und machen besser verständlich, wie ein Gehirn funktioniert (oder auch, wie es *nicht* funktioniert, Beispiele dafür finden sich in diesem Buch genug). Doch absurd und gefährlich wird es, wenn Hirnforschung überinterpretiert und medial ausgeschlachtet wird, um ein „Gotteszentrum" zu postulieren, angebliche Unterschiede zwischen Männern und Frauen festzuschreiben oder gar das Strafrecht zu reformieren.

Hirnforschung ist tatsächlich klasse. Und ich stehe auch weiterhin voller Überzeugung zu meiner Entscheidung, Neurobiologe geworden zu sein. Denn auch wenn man sich nicht gerade um die Erklärung des Bewusstseins kümmert, sind neurowissenschaftliche Versuche alles andere als langweilig. Wir wissen sehr genau, wie Nervenzellen miteinander kommunizieren und nach welchen Prinzipien sie ihre Struktur verändern. Wir kennen die Konzepte, nach denen Sinnesinformationen verarbeitet und Bewegungsimpulse übertragen werden. Wir wissen auch, wie sich ein Gehirn entwickelt, und kennen die Abläufe bei einigen neuronalen Erkrankungen.

Sicher, es bleibt in Zukunft noch viel zu tun. Warum Alzheimer und Multiple Sklerose genau entstehen, wissen wir immer noch nicht. Auch nicht, wie das limbische System funktioniert, oder wie die Nerven- und Gliazellen im Detail zusammenarbeiten. An vielen Stellen bauen wir unser Verständnis gerade erst auf, zum Beispiel, was die Rolle des präfrontalen Cortex bei Aufmerksamkeit und Schlaf betrifft oder die des Kleinhirns bei der Bewegungssteuerung. Kein Wunder, dass viele neurowissenschaftliche Fachpublikationen mit weisen und zugleich nebulösen Worten enden: „Wir haben schon viel erforscht, aber wir stehen erst am Anfang" – so ist das nämlich tatsächlich. Schließlich haben wir es uns zur Aufgabe gemacht, den kompliziertesten Brocken zu verstehen, den die Natur zu bieten hat.

Auch wenn unser Wissen begrenzt ist, es reicht allemal, um die unsinnigsten Legenden, Halbwahrheiten und Vorurteile über das Gehirn auszuräumen. Deswegen hoffe ich, die populärsten „Neuromythen" hiermit tatsächlich etwas entzaubert zu haben (jawohl, auch ich mag die Neuro-Vorsilbe, sie klingt aber auch wirklich cool, siehe Buchtitel). Genau das hat das Gehirn nämlich verdient. Auf dass der Neuro-Unsinn enden möge.

Ein Selbstverteidigungskurs gegen Neuromythen

Geschafft ... Was für eine Arbeit, das Gehirn ins rechte Licht zu rücken und von den ganzen ungerechtfertigten Legenden zu befreien. Neuromythen sind ziemlich hartnäckig, und knapp 21 von ihnen haben gerade das bekommen, was sie verdienen. Doch ich bin sicher, der nächste Mythos steht schon in den Startlöchern – um unser kurzzeitig klares Bild vom Gehirn mit neuem Halbwissen zu trüben. Lassen Sie es nicht so weit kommen! Setzen Sie sich zur Wehr! Mit den folgenden Ratschlägen sollten Sie das Rüstzeug haben, dem nächsten Neuromythos kampfbereit gegenüberzutreten.

Bevor Sie auf den nächsten Mythos reinfallen, fragen Sie daher:

Wie wird das Gehirn erklärt?

Die meisten Neuromythen haben eine charakteristische Gemeinsamkeit, die man gut erkennen kann: Sie sind leicht verständlich und ganz besonders eingängig (zum Beispiel: „Wir nutzen nur 10 Prozent unseres Gehirns"). Denn damit ein Neuromythos überleben und sich in den Medien verbreiten kann, darf er bloß nicht zu kompliziert sein.

Leider gehen plakative Erklärungsmodelle und Vergleiche häufig an der Wirklichkeit vorbei. Denn das Gehirn ist in seiner Funktionsweise einzigartig. Es funktioniert eben nicht wie ein Computer, hat keinen Prozessor oder eine Festplatte, ist auch nicht wie ein „Denkapparat" oder eine „Maschine des Geistes" zu verstehen. Auch der Netzwerkgedanke ist verführerisch, aber irreführend. Man ist geneigt, ans Internet zu denken, dabei verarbeitet ein Gehirn Informationen doch grundlegend anders. Alle Vergleiche und Bilder, die ich in diesem Buch zur Verständlichmachung des Gehirns benutzte, habe ich daher sogleich zu relativieren versucht. Ich will ja keine neuen Mythen beschwören.

Nach der Faustformel „Je einfacher die Erklärung, desto falscher" kann man schon frühzeitig erkennen, was sich als Neuromythos eignet. Schauen Sie sich die nächste plakative Metapher also besser zweimal an. Eine „kreative rechte und logische linke Gehirnhälfte" hätte bei solch einem kritischen Blick jedenfalls keine Berühmtheit erlangt.

Wo kommt die Information her?

Wenn Sie etwas Neues vom Gehirn erfahren, fragen Sie sich, woher diese Information stammt. Seriöse wissenschaftliche Ergebnisse werden in Fachmagazinen, sogenannten „peer review journals" veröffentlicht. Da darf man nicht einfach irgendwelche Sachen reinschreiben. Denn jeder Artikel wird von externen Wissenschaftlern begutachtet, bevor er abgedruckt wird. Oftmals schlagen diese Gutachter weitere Experimente vor, hinterfragen Schlussfolgerungen oder verlangen eine Änderung des Versuchsaufbaus. Diese Begutachtung erfolgt häufig anonymisiert, damit es auch wirklich nur um die Experimente an sich geht. Erst wenn eine wissenschaftliche Untersuchung dieser Überprüfung durch andere Experten standhält, wird sie auch gedruckt. Das heißt natürlich nicht, dass dabei nicht auch Fehler gemacht werden oder vorsätzlich betrogen und getäuscht wird. Doch dieses Verfahren ist das beste, um größtmögliche Objektivität zu erzielen.

Um die Qualität einer Studie zu beurteilen, reicht manchmal

auch ein Blick auf das veröffentlichende Magazin. Manche Journals sind sehr restriktiv in dem, was sie drucken, denn sie haben einen großen Namen: *Science* und *Nature* sind zum Beispiel solche Top-Adressen für Naturwissenschaftler. Als Maß für die Wichtigkeit eines Magazins gilt der „Einschlagsfaktor" (engl. *Impact Factor*). Je höher dieser ist, desto besser. Er sagt im Prinzip aus, wie oft Artikel in diesem Magazin von anderen Artikeln zitiert werden – je öfter andere Wissenschaftler Bezug auf einen Artikel nehmen, desto mehr Gewicht sollte er auch in der wissenschaftlichen Szene haben (das heißt natürlich noch nicht, dass er auch richtig ist, auch etwas Grottenfalsches kann ja oft zitiert werden).

Ein einfaches Beispiel macht das Prinzip der Quellenwahl klar: Wenn ich mich über Pferde informieren möchte, kann ich zu zwei unterschiedlichen Magazinen greifen, der *Wendy* oder der *Lissy*. Doch über die *Wendy* wird mehr gesprochen, ihr *Impact Factor* ist größer. Wer soeben aufgepasst hat, erkennt allerdings, dass weder die *Wendy* noch die *Lissy* „peer review journals" sind. Also eignen sie sich schlecht, um daraus zu zitieren und wissenschaftliche Argumente abzuleiten. Sie werden deswegen im Quellenverzeichnis dieses Buches weder Literatur aus der *Wendy* noch der *Lissy* finden.

Wie wurde geforscht?

Vieles, was in der Presse verbreitet wird, wird mit wissenschaftlichen Studien begründet. Das ist schon mal besser, als irgendwelche Meinungen abzudrucken. Doch nicht jede wissenschaftliche Untersuchung ist auch qualitativ hochwertig. Hirnforscher sind auch nur Menschen. Deswegen lohnt es sich, einen Blick auf die Art des Experimentes zu werfen.

Forscher sollen objektiv sein, doch was dem oft entgegensteht, sind persönliche Erwartungshaltungen. Nach dem Motto: „Ich will etwas messen, also sollte es gefälligst auch herauskommen." Man nennt das *Bias*, die Tatsache, dass Messungen und experimenteller Aufbau durch unterbewusstes Verhalten „gefärbt" werden können. Das kann oft unbeabsichtigt und ohne bösen Vorsatz passieren, es ist ein verführerischer Denkfehler, dem wir alle erliegen. Wenn Sie von einem guten Freund einen Kuchen angeboten bekommen, mit den Worten: „Den hat meine Mutter gebacken!", werden Sie ihn mit anderen Erwartungen essen, als wenn Sie gesehen haben, wie er ihn für 1,50 Euro im Backshop erworben hat. Schon das kann die Messung beeinflussen, und der Kuchen schmeckt tatsächlich anders, als wenn Sie ihn blind verkostet hätten.

Die beste Methode, um sich dagegen zu wehren, sind „placebokontrollierte Doppelblind-Studien". Placebokontrolliert bedeutet, dass man zwei Gruppen untersucht, von denen eine eine Pseudostimulation erhält. Ein Beispiel aus dem Lerntypen-Kapitel: Eine Gruppe übt konkrete Bilderrätsel am Bildschirm, eine andere Placebogruppe hat die Aufgabe, sich eine Bilderfolge anzuschauen, ohne sie hirnjoggingmäßig zu sortieren. So vermeidet man, dass schon die reine Versuchssituation (Testpersonen kommen in ein Labor, werden instruiert, müssen irgendetwas tun) Auswirkungen auf den Testverlauf hat. „Doppelblind" ist ein Versuch dann, wenn weder die untersuchten Gruppen noch die untersuchenden Wissenschaftler wissen, wer das Placebo erhält, so minimiert man den Bias auf Seiten des Wissenschaftlers.

Aber auch eine einzelne wissenschaftliche Veröffentlichung sagt noch nicht viel aus. Erst wenn sie von anderen Wissenschaftlern erfolgreich wiederholt werden kann, gewinnt sie an Qualität. Besonders interessant sind deswegen Meta-Studien, die bereits existierende Experimente berücksichtigen und deren Ergebnisse mit den neuen vergleichen. So vergrößert man auch die untersuchte Gruppe: Fünf Leute in den „Hirnscanner" zu schieben, geht leicht. Den Effekt von Hirnjogging auf 11 000 Leute auszuwerten, benötigt hingegen etwas mehr Aufwand, ist dafür aber aussagekräftiger.

Passen Sie also auf, wenn Ihnen die nächste wissenschaftliche Studie im Wissensteil Ihrer Tageszeitung begegnet. Erst, wenn sich ein Experiment oft wiederholen lässt, wird es auch statistisch belastbar.

Wo liegen die Interessen?

Neuromythen können sich verbreiten, weil sie so eingängig sind – oder sie können gezielt von einer Industrie gefördert werden. Unternehmen, die ihre Lernsoftware oder das nächste Neuro-Gemüse verkaufen wollen, berufen sich häufig auf wissenschaftliche Untersuchungen, die genau den erwünschten Effekt zeigen sollen. Das ist gefährlich, denn echte Wissenschaft ist unabhängig und veröffentlicht auch unbequeme Ergebnisse. Eine Studie, die von einer Firma gesponsert wurde, sollte man jedenfalls besonders kritisch beäugen.

Selbst wenn Wissenschaftler nicht durch Firmen unterstützt werden, können sie der Versuchung erliegen, unbedingt Aufsehen erregende Ergebnisse veröffentlichen zu wollen (schon wieder ein Bias-Effekt). Deswegen findet man sehr viele Fachartikel zu Unterschieden zwischen den Gehirnen von Frauen und Männern, doch nur selten werden Gemeinsamkeiten untersucht und publiziert. Nicht weil es keine Gemeinsamkeiten gäbe, sondern weil ein Interesse besteht, seine wissenschaftlichen Ergebnisse bei angesehenen Fachmagazinen zu veröffentlichen. Denn auch in der Redaktion von *Nature* macht eine Studie, die Unterschiede zwischen Gehirnen belegt, mehr Eindruck als eine, die zeigt, dass alle Gehirne gleich arbeiten.

Versuchen Sie daher, sich nicht von der Flut an wissenschaftlichen Veröffentlichungen verwirren zu lassen, sondern achten Sie darauf, ob irgendjemand ein spezifisches Interesse am Resultat der Veröffentlichung hat. Ein erster Hinweis dafür sind oft Produkte oder spektakuläre Thesen, die verkauft werden sollen.

Muss es wirklich immer das Gehirn sein?

Die Neurobiologie ist eine schöne, eine ästhetische Wissenschaft. Ich gebe zu, auch ich finde die Bilder von bunten Gehirnen und komplizierten Nervengeflechten schwer beeindruckend. Doch davon darf man sich nicht blenden lassen. Nur weil etwas mit bunten Bildern illustriert wird, heißt das noch nicht, dass es auch bedeutsamer wäre.

Leider glauben wir Menschen besonders gerne das, was auf Abbildungen gezeigt wird. Logisch, denn ein Gehirn denkt ja auch nicht in Zahlen oder Wörtern, sondern in Mustern und Bildern. Ein Bild sagt mehr als tausend Worte und eignet sich deswegen prima, um nicht nur Aufmerksamkeit zu erheischen, sondern auch Glaubwürdigkeit zu suggerieren. Deswegen wird die Titelstory des nächsten Hirnforschungs-Durchbruchs mit Sicherheit wieder mit einem Bild von einem bunt eingefärbten Gehirn geschmückt. Und schon denken wir, dass das auch besonders wichtig sein muss, schließlich liegt der spektakulären Farbgebung ja eine exakte Messung zugrunde. Lassen Sie sich jedoch nicht von famosen Illustrationen des Gehirns in die Irre führen. „If you got nothing to show, show it in color", so könnte man scherzen. Die Wirklichkeit hält nicht, was man sich naiverweise von den bunten Bildern verspricht.

Fragen Sie sich außerdem, ob es auch immer das Gehirn sein muss, mit dem man etwas erklärt. Die Neurowissenschaften sind so modern, dass sie für jeden Quatsch als Begründung aufgeführt werden. Doch nicht immer ist die Hirnforschung das passende Feld, um etwas besser zu verstehen. Wissenschaftliche Ergebnisse kommen oft sehr selbstbewusst daher, doch nicht immer ist es auch notwendig, etwas im Gehirn zu messen. Wie wir unsere Kinder erziehen, ob Religion in Zeiten der „Neuro-Revolution" noch Sinn hat oder was Bewusstsein ist, das ist nun wirklich nicht das Feld der Hirnforscher alleine.

Sie dürfen den Neurowissenschaften also ruhig etwas weniger überschwänglich gegenübertreten. Das muss ja nicht heißen, dass das Gehirn seine Faszination verlöre. Aus eigener Erfahrung kann ich berichten, dass selbst der kritischste Blick auf die Fortschritte der Hirnforschung nichts an meiner Meinung über das Gehirn geändert hat: Es bleibt das coolste und spannendste Organ von allen.

Quellenverzeichnis

Natürlich habe ich mir das, was ich in diesem Buch geschrieben habe, nicht ausgedacht. Viele Neuromythen lassen sich schon mit bekanntem Lehrbuchwissen entkräften. Wem das nicht genug ist, der findet hier Verweise auf wissenschaftliche Primärliteratur, Übersichtsartikel oder die Internetangaben zu Mythen kolportierenden Quellen, auf die ich mich in diesem Buch beziehe.

1 http://www.pm-magazin.de/r/mensch/ich-wei%C3%9F-was-du-denkst
2 http://www.handelsblatt.com/technologie/forschung-medizin/forschung-innovation/gehirnscan-fortschritte-beim-gedankenlesen/4655862.html
3 Kay KN et al. (2008) Identifying natural images from human brain activity, Nature, 452 (7185): 352-5
4 Rusconi E, Mitchener-Nissen T (2013) Prospects of functional magnetic resonance imaging as lie detector, Front Hum Neurosci., 7: 594
5 http://www.daserste.de/information/wissen-kultur/w-wie-wissen/sendung/einkauf-100.html
6 http://www.fastcompany.com/1731055/rise-neurocinema-how-hollywood-studios-harness-your-brainwaves-win-oscars
7 McClure SM et al. (2004) Neural correlates of behavioral preference for culturally familiar drinks, Neuron, 44 (2): 379-87

8 http://www.welt.de/print-welt/article424459/Hirn-Scanner-misst-die-Kauflust.html

9 Fachlich genauso korrekt und oft verwendet: Neurone. Klingt aber nicht so schön, deswegen bleibe ich in diesem Buch bei Neuronen.

10 http://www.spiegel.de/wissenschaft/mensch/mathe-zentrum-zur-erkennung-von-zahlen-im-gehirn-entdeckt-a-895115.htm

11 Bengtsson SL et al. (2007) Cortical regions involved in the generation of musical structures during improvisation in pianists, J Cogn Neurosci, 19 (5): 830-42

12 Knutson B et al. (2008) Nucleus accumbens activation mediates the influence of reward cues on financial risk taking, Neuroreport, 19 (5): 509-13

13 Xu X et al. (2012) Regional brain activity during early-stage intense romantic love predicted relationship outcomes after 40 months: an fMRI assessment, Neurosci Lett, 526 (1): 33-8

14 Sharot T et al. (2007) Neural mechanisms mediating optimism bias, Nature, 450 (7166): 102-5

15 Hommer DW et al. (2003) Amygdalar recruitment during anticipation of monetary rewards: an event-related fMRI study, Ann N Y Acad Sci, 985: 476-8

16 Lehne M et al. (2013) Tension-related activity in the orbitofrontal cortex and amygdala: an fMRI study with music, Soc Cogn Affect Neurosci, doi 10.1093

17 Cunningham WA, Kirkland T (2013) The joyful, yet balanced, amygdala: moderated responses to positive but not negative stimuli in trait happiness, Soc Cogn Affect Neurosci, doi 10.1093

18 Schreiber D et al. (2013) Red brain, blue brain: evaluative processes differ in Democrats and Republicans, PLoS One, 8 (2): e52970

19 Ko CH et al. (2009) Brain activities associated with gaming urge of online gaming addiction, J Psychiatr Res, 43 (7): 739-47

20 St-Pierre LS, Persinger MA (2006) Experimental facilitation of the sensed presence is predicted by the specific patterns of the applied magnetic fields, not by suggestibility: re-analyses of 19 experiments, Int J Neurosci, 116 (9): 1079-96
21 Acevedo BP, Aron A, Fisher HE, Brown LL (2012) Neural correlates of long-term intense romantic love, Soc Cogn Affect Neurosci, 7 (2): 145-59
22 Joseph R (1988) Dual mental functioning in a split-brain patient, J Clin Psychol, 44 (5): 770-9
23 Fink A et al. (2009) Brain correlates underlying creative thinking: EEG alpha activity in professional vs. novice dancers, Neuroimage, 46 (3): 854-62
24 Dietrich A, Kanso R (2010) A review of EEG, ERP, and neuroimaging studies of creativity and insight, Psychol Bull, 136 (5): 822-48
25 Singh H, W O'Boyle M (2004) Interhemispheric interaction during global-local processing in mathematically gifted adolescents, average-ability youth, and college students, Neuropsychology, 18 (2): 371-7
26 Nielsen JA et al. (2013) An evaluation of the left-brain vs. right-brain hypothesis with resting state functional connectivity magnetic resonance imaging, PLoS One, 8 (8): e71275
27 Smaers JB et al. (2012) Comparative analyses of evolutionary rates reveal different pathways to encephalization in bats, carnivorans, and primates, Proc Natl Acad Sci U S A, 109 (44): 18006-11
28 Falk D et al. (2013) The cerebral cortex of Albert Einstein: a description and preliminary analysis of unpublished photographs, Brain, 136 (Pt 4): 1304-27
29 McDaniel MA (2005) Big-brained people are smarter: A meta-analysis of the relationship between in vivo brain volume and intelligence, Intelligence, 33: 337-346
30 Narr KL et al. (2007) Relationships between IQ and

regional cortical gray matter thickness in healthy adults, Cereb Cortex, 17 (9): 2163-71
31 Navas-Sánchez FJ et al. (2013) White matter microstructure correlates of mathematical giftedness and intelligence quotient, Hum Brain Mapp, doi: 10.1002/hbm.22355
32 Haier RJ et al. (1988) Cortical glucose metabolic rate correlates of abstract reasoning and attention studied with positron emission tomography, Intelligence, 12, 199-217
33 Bushdid C et al. (2014) Humans can discriminate more than 1 trillion olfactory stimuli, Science, 343 (6177): 1370-2
34 Whitman MC, Greer CA (2009) Adult neurogenesis and the olfactory system, Prog Neurobiol, 89 (2): 162-75
35 Deng W et al. (2010) New neurons and new memories: how does adult hippocampal neurogenesis affect learning and memory?, Nat Rev Neurosci, 11 (5): 339-50
36 Pakkenberg B et al. (2003) Aging and the human neocortex, Exp Gerontol, 38 (1-2): 95-9
37 Crews FT, Boettiger CA (2009) Impulsivity, frontal lobes and risk for addiction, Pharmacol Biochem Behav, 93: 237-47
38 Nixon K, Crews FT (2002) Binge ethanol exposure decreases neurogenesis in adult rat hippocampus, J Neurochem, 83: 1087-93
39 Lipton ML et al. (2013) Soccer heading is associated with white matter microstructural and cognitive abnormalities, Radiology, 268 (3): 850-7
40 Vann Jones SA et al. (2014) Heading in football, long-term cognitive decline and dementia: evidence from screening retired professional footballers, Br J Sports Med, 48 (2): 159-61
41 Maynard ME, Leasure JL (2013) Exercise enhances hippocampal recovery following binge ethanol exposure, PLoS One, 8 (9): e76644

42 http://www.theatlantic.com/health/archive/2013/12/male-and-female-brains-really-are-built-differently/281962/

43 http://www.welt.de/wissenschaft/article122479662/Das-Frauenhirn-tickt-wirklich-anders.html

44 http://www.spiegel.de/wissenschaft/medizin/hirn forschung-maenner-und-frauen-sind-anders-verdrahtet-a-936865.html

45 Goldstein JM et al. (2001) Normal sexual dimorphism of the adult human brain assessed by in vivo magnetic resonance imaging, Cereb Cortex, 11 (6): 490-7

46 Luders E et al. (2006) Gender effects on cortical thickness and the influence of scaling, Hum Brain Mapp, 27 (4): 314-24

47 Luders E et al. (2004) Gender differences in cortical complexity, Nat Neurosci, 7 (8): 799-800

48 Ingalhalikar M et al. (2014) Sex differences in the structural connectome of the human brain., PNAS, 111 (2): 823-8

49 Jadva V et al. (2010) Infants' preferences for toys, colors, and shapes: sex differences and similarities, Arch Sex Behav, 39 (6): 1261-73

50 Hassett JM et al. (2008) Sex differences in rhesus monkey toy preferences parallel those of children, Horm Behav, 54 (3): 359-64

51 Gauthier CT et al. (2009) Sex and performance level effects on brain activation during a verbal fluency task: a functional magnetic resonance imaging study, Cortex, 45 (2): 164-76

52 Amunts K et al. (2007) Gender-specific left-right asymmetries in human visual cortex, J Neurosci, 27 (6): 1356-64

53 Eliot L (2011) The trouble with sex differences, Neuron, 72 (6): 895-8

54 Moreau D (2013) Differentiating two- from three-dimensional mental rotation training effects, Q J Exp Psychol, 66 (7): 1399-413

Quellenverzeichnis

55 Neubauer AC et al. (2010) Two- vs. three-dimensional presentation of mental rotation tasks: Sex differences and effects of training on performance and brain activation, Intelligence, 38 (5): 529-39

56 New J et al. (2007) Spatial adaptations for plant foraging: women excel and calories count, Proc Biol Sci, 274 (1626): 2679-84

57 Marx DM et al. (2013) No doubt about it: when doubtful role models undermine men's and women's math performance under threat, J Soc Psychol, 153 (5): 542-59

58 Sommer IE et al. (2008) Sex differences in handedness, asymmetry of the planum temporale and functional language lateralization, Brain Res, 1206: 76-88

59 Mehl MR et al. (2007) Are women really more talkative than men?, Science, 317 (5834): 82

60 Clements-Stephens AM et al. (2009) Developmental sex differences in basic visuospatial processing: differences in strategy use?, Neurosci Lett, 449 (3): 155-60

61 Shaywitz BA et al. (1995) Sex differences in the functional organization of the brain for language, Nature, 373 (6515): 607-9

62 Alexander GM (2003) An evolutionary perspective of sex-typed toy preferences: pink, blue, and the brain, Arch Sex Behav, 32 (1): 7-14

63 Selemon LD (2013) A role for synaptic plasticity in the adolescent development of executive function, Transl Psychiatry, 3: e238

64 http://www.apotheken-umschau.de/Gehirnjogging

65 Brehmer Y et al. (2012) Working-memory training in younger and older adults: training gains, transfer, and maintenance, Front Hum Neurosci, 6: 63

66 Shipstead Z et al. (2012) Is working memory training effective?, Psychol Bull, 138 (4): 628-54

67 Owen AM et al. (2010) Putting brain training to the test, Nature, 465 (7299): 775-8

68 Lee H et al. (2012) Performance gains from directed training do not transfer to untrained tasks, Acta Psychol (Amst), 139 (1): 146-58
69 Engvig A et al. (2012) Memory training impacts short-term changes in aging white matter: a longitudinal diffusion tensor imaging study, Hum Brain Mapp, 33 (10): 2390-406
70 Massa LJ, Mayer RE (2006) Testing the ATI hypothesis: Should multimedia instruction accommodate verbalizer-visualizer cognitive style?, Learning and Individual Differences, 6 (14): 321-35
71 Constantinidou F, Baker S (2002) Stimulus modality and verbal learning performance in normal aging, Brain Lang, 82 (3): 296-311
72 Pashler H et al. (2008) Learning styles concepts and evidence., Psychological science in the public interest, 9 (3): 105-19
73 Bélanger M et al. (2011) Brain energy metabolism: focus on astrocyte-neuron metabolic cooperation, Cell Metab, 14 (6): 724-38
74 Ghosh A et al. (2013) Somatotopic astrocytic activity in the somatosensory cortex, Glia, 61 (4): 601-10
75 Nave KA (2010) Myelination and support of axonal integrity by glia, Nature, 468 (7321): 244-52
76 Schwartz M et al. (2013) How do immune cells support and shape the brain in health, disease, and aging?, J Neurosci, 33 (45): 17587-96
77 Boecker H et al. (2008) The runner's high: opioidergic mechanisms in the human brain, Cereb Cortex, 18 (11): 2523-31
78 Bruijnzeel AW (2009) kappa-Opioid receptor signaling and brain reward function, Brain Res Rev, 62 (1): 127-46
79 Xie L et al. (2013) Sleep drives metabolite clearance from the adult brain, Science, 342 (6156): 373-7

Quellenverzeichnis

80 Diekelmann S, Born J (2010) The memory function of sleep, Nat Rev Neurosci, 11 (2): 114-26

81 van der Helm E et al. (2011) REM sleep depotentiates amygdala activity to previous emotional experiences, Curr Biol, 21 (23): 2029-32

82 Baran B et al. (2012) Processing of emotional reactivity and emotional memory over sleep, J Neurosci, 32 (3): 1035-42

83 Witte AV et al. (2013) Long-Chain Omega-3 Fatty Acids Improve Brain Function and Structure in Older Adults, Cereb Cortex, doi: 10.1093/cercor/bht163

84 van Gelder BM et al. (2007) Fish consumption, n-3 fatty acids, and subsequent 5-y cognitive decline in elderly men: the Zutphen Elderly Study, Am J Clin Nutr, 85 (4): 1142-7

85 Denis I et al. (2013) Omega-3 fatty acids and brain resistance to ageing and stress: body of evidence and possible mechanisms, Ageing Res Rev, 12 (2): 579-94

86 Pase MP et al. (2013) Cocoa polyphenols enhance positive mood states but not cognitive performance: a randomized, placebo-controlled trial, J Psychopharmacol, 27 (5): 451-8

87 Rendeiro C et al. (2013) Dietary levels of pure flavonoids improve spatial memory performance and increase hippocampal brain-derived neurotrophic factor, PLoS One, 8 (5): e63535

88 Vellas B et al. (2012) Long-term use of standardised Ginkgo biloba extract for the prevention of Alzheimer's disease (GuidAge): a randomised placebo-controlled trial, Lancet Neurol, 11 (10): 851-9

89 Laws KR et al. (2012) Is Ginkgo biloba a cognitive enhancer in healthy individuals? A meta-analysis, Hum Psychopharmacol, 27 (6): 527-33

90 Ramscar M et al. (2014) The myth of cognitive decline: non-linear dynamics of lifelong learning, Top Cogn Sci, 6 (1): 5-42

91 Frankland PW, Bontempi B (2005) The organization of recent and remote memories, Nat Rev Neurosci, 6 (2): 119-30

92 Charron S, Koechlin E (2010) Divided representation of concurrent goals in the human frontal lobes, Science, 328 (5976): 360-3

93 Watson JM, Strayer DL (2010) Supertaskers: Profiles in extraordinary multitasking ability, Psychon Bull Rev, 17 (4): 479-85

94 Strayer DL, Drews FA (2007) Cell-Phone-Induced Driver Distraction, Current Directions in Psychological Science, Psychol Sci, 16: 128-31

95 Sanbonmatsu DM et al. (2013) Who multi-tasks and why? Multi-tasking ability, perceived multi-tasking ability, impulsivity, and sensation seeking, PLoS One, 8 (1): e54402

96 Ophir E et al. (2009) Cognitive control in media multitaskers, Proc Natl Acad Sci USA, 106 (37): 15583-7

97 Strayer DL et al. (2013) Gender invariance in multi-tasking: a comment on Mäntylä (2013), Psychol Sci, 24 (5): 809-10

98 Rizzolatti G, Sinigaglia C (2010) The functional role of the parieto-frontal mirror circuit: interpretations and misinterpretations, Nat Rev Neurosci, 11 (4): 264-74

99 http://www.ted.com/talks/vs_ramachandran_the_neurons_that_shaped_civilization.html

100 Kilner JM, Lemon RN (2013) What we know currently about mirror neurons, Curr Biol, 23 (23): R1057-62

101 Molenberghs P et al. (2012) Brain regions with mirror properties: a meta-analysis of 125 human fMRI studies, Neurosci Biobehav Rev, 36 (1): 341-9

102 Mukamel R et al. (2010) Single-neuron responses in humans during execution and observation of actions, Curr Biol, 20 (8): 750-6

103 Hickok G, Hauser M (2010) (Mis)understanding mirror neurons, Curr Biol, 20 (14): R593-4

104 Hickok G (2009) Eight problems for the mirror neuron theory of action understanding in monkeys and humans, J Cogn Neurosci, 21 (7): 1229-43

105 Umiltà MA et al. (2001) I know what you are doing. a neurophysiological study, Neuron, 31 (1): 155-65

106 Haker H et al. (2013) Mirror neuron activity during contagious yawning--an fMRI study, Brain Imaging Behav, 7 (1): 28-34

107 Norscia I, Palagi E (2011) Yawn contagion and empathy in Homo sapiens, PLoS One, 6 (12): e28472

108 Boring EG (1923) Intelligence as the Tests Test It, New Republic, 36: 35-7

109 Gottfredson LS (1997) Mainstream science on intelligence: An editorial with 52 signatories, history, and bibliography, Intelligence, 24 (1): 13-23

110 Deary IJ et al. (2010) The neuroscience of human intelligence differences, Nat Rev Neurosci, 11 (3): 201-11

111 Hiscock M (2007) The Flynn effect and its relevance to neuropsychology, J Clin Exp Neuropsychol, 29 (5): 514-29

112 Deary IJ et al. (2009) Genetic foundations of human intelligence, Hum Genet, 126 (1): 215-32

113 Kuhl PK (2004) Early language acquisition: cracking the speech code, Nat Rev Neurosci, 5 (11): 831-43

114 Perani D, Abutalebi J (2005) The neural basis of first and second language processing, Curr Opin Neurobiol, 15 (2): 202-6

115 Fjell AM et al. (2009) High consistency of regional cortical thinning in aging across multiple samples, Cereb Cortex, 19 (9): 2001-12

116 Sullivan EV, Pfefferbaum A (2006) Diffusion tensor imaging and aging, Neurosci Biobehav Rev, 30 (6): 749-61

117 Davis SW et al. (2008) Que PASA? The posterior-anterior shift in aging, Cereb Cortex, 18 (5): 1201-9

118 Grady C (2012) The cognitive neuroscience of ageing, Nat Rev Neurosci, 13 (7): 491-505
119 Rast P (2011) Verbal knowledge, working memory, and processing speed as predictors of verbal learning in older adults, Dev Psychol, 47 (5): 1490-8
120 Degen C, Schröder J (2014) Training-induced cerebral changes in the elderly, Restor Neurol Neurosci, 32 (1): 213-21
121 Boyke J et al. (2008) Training-induced brain structure changes in the elderly, J Neurosci, 28 (28): 7031-5
122 Luk G et al. (2011) Lifelong bilingualism maintains white matter integrity in older adults, J Neurosci, 31 (46): 16808-13
123 Kroll JF, Bialystok E (2010) Understanding the Consequences of Bilingualism for Language Processing and Cognition, J Cogn Psychol, 25 (5)
124 Libet B et al. (1983) Time of conscious intention to act in relation to onset of cerebral activity (readiness-potential). The unconscious initiation of a freely voluntary act, Brain, 106 (3): 623-42
125 Herrmann CS et al. (2008) Analysis of a choice-reaction task yields a new interpretation of Libet's experiments, Int J Psychophysiol, 67 (2): 151-7